育儿
一天一页

艾贝母婴研究中心◎编著

Ⓢ 四川科学技术出版社
·成都·

婴儿期，是宝宝来到这个世界的第一个年头，是新手爸妈由措手不及的生疏慌乱状态过渡到享受亲子之乐的游刃有余状态的磨合期。

婴儿期，是宝宝从只懂得吃、睡、拉、玩的"小肉球"，到成为一个能站能走能伊伊呀呀与父母对话的小人儿的神奇转变期。

吃、睡、拉、玩这几件事看上去很简单，但是要让宝宝吃得好、睡得香、拉得顺、玩得欢、不生病，只有"水深火热"中的新手爸妈们才知道个中的滋味，一个个问题像"打地鼠"游戏中的地鼠一样此起彼伏，解决了一个又来一个，应接不暇。

当你读完本书时，就不会手足无措了，所有的无所适从，本书都会教你如何化解：

1. 本书按照时间轴编排问题，哪个问题最容易出现在哪一天，就将它安排在哪一天，一天一页，解决你翻看书本时漫无目的、找不到主线的烦恼，是哪一天就翻到哪一天，像查字典一样便捷。

2. 喂养、护理、辅食、疾病、游戏，养育婴儿时方方面面的问题，你都可以从本书中搜寻答案，它就像你的私人育儿专家一样全面、贴心。

3. 每一天的标题都是一份知识干货，看完标题，你就已经悄然长了知识，获得轻松规避育儿误区、快速掌握育儿要点的技能，有空闲时间时再继续深度阅读正文内容，本书能最大限度帮你节约宝贵的时间。

相信有了这本书，爸爸妈妈们就再也不用担心照顾不好宝宝了，我们期盼每一个宝宝都在爸爸妈妈的呵护与养育下健康、快乐、充满活力地成长！

第1个月
新生儿期

第 1 天 / 002
开奶：出生后半小时 / 002
初乳：提升免疫力 / 002

第 2 天 / 003
哺乳：正确的姿势 / 003
下奶前：一般不用喂奶粉 / 003

第 3 天 / 004
黄疸：生理性黄疸不要紧 / 004
抱新生儿：三种主要方式 / 004

第 4 天 / 005
体重：出生后 2 ～ 4 天会减轻 / 005
"假月经"：女宝宝有很正常 / 005
脱皮：千万不能揭 / 005

第 5 天 / 006
乳头内陷：不影响哺乳 / 006
乳头皲裂：怎么喂奶能缓解疼痛 / 006

第 6 天 / 007
母乳喂养：补充维生素 D / 007
适量：配方奶喂养的原则 / 007

第 7 天 / 008
奶嘴：新生儿用圆孔 S 号 / 008
奶瓶：玻璃的更安全 / 008

第 8 天 / 009
奶具：每天沸水消毒 / 009

夜间喂奶：三点注意 / 009

第 9 天 / 010
早产儿：须特别用心喂养 / 010

第 10 天 / 011
人工喂养：宝宝需要喝水 / 011
母乳喂养：不必喂水 / 011

第 11 天 / 012
脐带护理：清洁消毒 / 012
游泳：注意安全 / 012

第 12 天 / 013
洗澡：新生宝宝如何洗澡 / 013

第 13 天 / 014
出院回家：关键事情处理好 / 014
避免空调病 / 014

第 14 天 / 015
尿布或纸尿裤：轮换用 / 015
尿布：怎样兜尿布 / 015

第 15 天 / 016
尿布疹："小屁屁"最需要的是透气 / 016
防吐奶：吃完奶后拍嗝 / 016

第 16 天 / 017
喂奶：不会吸吮怎么办 / 017

囟门：尚未闭合 / 017

第 17 天 / 018
多久喂一次奶：因人而异 / 018
吃奶频繁：是因为奶不够吗？/ 018

第 18 天 / 019
乳房瘪：是因为没奶了吗？/ 019
生病了：要给宝宝哺乳能吃药吗？/ 019

第 19 天 / 020
判断：宝宝是否吃饱 / 020
枕头：0～3 个月不需要使用 / 020

第 20 天 / 021
穿脱衣服：多练 / 021
消化：看大便可知消化情况 / 021

第 21 天 / 022
正确穿纸尿裤：防止"红屁屁" / 022
尿布：必须经常洗涤 / 022

第 22 天 / 023
洗澡：多久洗一次 / 023
肌肤护理：清洁、涂润肤露 / 023

第 23 天 / 024
判断：宝宝为什么哭 / 024
昼夜更替：房间要有自然光线 / 024

第 24 天 / 025
黑白图片：宝宝很喜欢 / 025
玩乳头：怎样巧妙地让宝宝松口 / 025
新生儿乳痂：不可强行清除 / 025

第 25 天 / 026
判断：母乳是否足够 / 026
混合喂养：母乳不够时最优选 / 026

第 26 天 / 027
学习抬头：新生儿三种抬头方式 / 027
不要放弃：加了配方奶也可以追回母乳 / 027

第 27 天 / 028
抚触：新生儿最喜欢的运动 / 028

第 28 天 / 029
喂鱼肝油：适当补充维生素 D / 029
前奶与后奶：营养重点不同 / 029

第 29 天 / 030
多说话：增进亲子交流 / 030

第 30 天 / 031
儿童保健：一岁前每个月一次 / 031

第2个月

圆润起来

第 31 天 / 034

宝宝的生理、感觉、心理发育 / 034

第 32 天 / 035

母爱：再也没有比这更重要的精神营养 / 035

婴儿最好的食物：母乳 / 035

第 33 天 / 036

乳腺炎：乳汁不能积存 / 036

第 34 天 / 037

人工喂养：让宝宝吃饱即可 / 037

睡觉：可以给宝宝一张单独的小床 / 037

第 35 天 / 038

腹泻：改变喂养方法 / 038

第 36 天 / 039

母乳喂养宝宝大便次数多：不是腹泻 / 039

知冷知热：摸摸颈背部 / 039

第 37 天 / 040

睡姿：侧卧、仰卧轮换 / 040

正常作息：养成良好习惯 / 040

第 38 天 / 041

预防维生素 K 缺乏：妈妈多吃点蔬菜、
奶制品 / 041

第 39 天 / 042

洗护：不频繁使用洗护用品 / 042

洗澡：这 5 种情况下不要立刻洗 / 042

第 40 天 / 043

五官清洁：动作要轻柔 / 043

第 41 天 / 044

玩具：注意材质、结构安全 / 044

认识爸爸妈妈的脸：吸引宝宝的注意力 / 044

第 42 天 / 045

母婴检查：42 天后回医院复诊 / 045

第 43 天 / 046

微笑：宝宝健康发展的极好象征 / 046

穿衣：不要给宝宝穿太厚 / 046

喝牛奶过敏：改喂代乳品 / 046

第 44 天 / 047

睫毛：不要剪 / 047

眼屎多：可能是宝宝的小手惹的祸 / 047

第 45 天 / 048

私处护理：男孩女孩都要注意 / 048

太安静：要警惕 / 048

第 46 天 / 049

牵手、放手：抓握训练 / 049

哭闹增加：会因为寂寞而哭 / 049

第 47 天 / 050

衣物洗涤：洗内衣要用专用洗衣液 / 050

满月头：不宜剃 / 050

第 48 天 / 051

攒奶：这是错误的想法 / 051

混合喂养：突然不吃奶，可能是
"疲劳" / 051

第 49 天 / 052

婴幼儿背带：使用须知 / 052

不让爸爸抱：陪伴要增加 / 052

第 50 天 / 053

吐奶：正确的处理方法 / 053

防吐奶：5 个方法 / 053

第 51 天 / 054

防蚊：不点蚊香、不喷杀虫剂 / 054

睡前准备：先通风，避免着凉 / 054

第 52 天 / 055

床边常备：毛巾、奶瓶、尿布、衣物、
温度计等 / 055

第 53 天 / 056

只有抱着才睡觉：每天应睡不少于
12 个小时 / 056

"说话"：现在开始教 / 056

第 54 天 / 057

奶粉：不要随便换 / 057

"童秃"：是暂时的现象 / 057

第 55 天 / 058

出汗：是普遍现象 / 058

量体温：耳温、额温 / 058

第 56 天 / 059

宝宝的头：可轻柔地抚摸 / 059

户外活动：先到窗户边适应几天再出去 / 059

第 57~58 天 / 060

身高、体重增长慢：先检查吃、睡情况 / 060

吃吃停停：力气小、睡着了 / 060

第 59~60 天 / 061

逗笑：和宝宝交换多样化的声音 / 061

夏日外出：防暑、防晒 / 061

第 **3** 个月
流口水、吃手

第 61 天 / 064
  宝宝的生理、感觉、心理发育 / 064

第 62~63 天 / 065
  母乳喂养：由按需向按时过渡 / 065
  开始加奶粉：宝宝可能出现生理性腹泻 / 065
  辅食：不要急着加米粉 / 065

第 64~65 天 / 066
  安抚奶嘴：适度、安全地用 / 066

第 66 天 / 067
  指甲：每周修剪 / 067

第 67 天 / 068
  流口水：多从第 3 个月开始 / 068
  交流：像对待成人一样去和宝宝交流 / 068

第 68 天 / 069
  湿疹：多是过敏所致 / 069

第 69~70 天 / 070
  吃手：是探索的正常行为 / 070

第 71 天 / 071
  理发：3 个月以后再理 / 071

第 72 天 / 072
  挤奶：正确的方式很重要 / 072

第 73 天 / 073
  挤出来的母乳保存：密封、低温 / 073
  加热母乳的方法 / 073

第 74 天 / 074
  通乳下奶食谱 / 074

第 75~76 天 / 075
  人工喂养：别随便补钙 / 075
  母乳喂养：暂时性哺乳期危机 / 075

第 77 天 / 076
  宝宝睡不好：看看是否不舒服 / 076
  宝宝睡得香：不要随便打断 / 076

第 78 天 / 077
  宠物：如果家里有宠物 / 077

第 79~80 天 / 078
  指甲：颜色与形态可观健康状态 / 078

第 81 天 / 079
  发热：是症状而不是病 / 079

第 82 天 / 080
  睡偏头了：怎么纠正 / 080

第 83 天 / 081
  翻身："三翻六坐" / 081

第 84 天 / 082
  吃得多：未必是好事 / 082
  打嗝：原因与应对方法 / 082

第 85 天 / 083
  判断：宝宝放屁也有迹可循 / 083

第 86~88 天 / 084
  爸爸：不能缺少的角色 / 084

第 89~90 天 / 085
  多抱：不是坏事 / 085
  过度保护：宝宝反而容易生病 / 085

第 4 个月

百天漂亮宝宝

第 91 天 / 088
宝宝的生理、感觉、心理发育 / 088

第 92 天 / 089
母乳喂养：最少要坚持到第 4 个月 / 089
感觉母乳不够：不要着急加奶粉或辅食 / 089

第 93 天 / 090
厌奶：不要强迫宝宝吃奶 / 090
夜间喂奶：尽量喂母乳 / 090

第 94 天 / 091
食量：差距拉大 / 091
吃奶：次数、量 / 091
辅食：若是母乳充足，还不必添加 / 091

第 95~96 天 / 092
睡眠：推后、变短 / 092
宝宝身上发出"咔咔"的响声是怎么回事？/ 092
枕头：可以开始使用 / 092

第 97~98 天 / 093
回去上班：让宝宝学会用奶瓶喝奶 / 093

第 99~100 天 / 094
感冒：一般 7 天自愈 / 094

第 101~102 天 / 095
喂药：准备、时机、操作方法 / 095

第 103~104 天 / 096
晚上频繁哭闹：排除疾病的因素 / 096

第 105~106 天 / 097
坠床：最容易发生的意外 / 097

第 107~108 天 / 098
痱子：多发于夏季出汗多时 / 098
睡眠习惯：昼少夜多 / 098

第 109~110 天 / 099
游戏：模仿动物叫 / 099
游戏：滚苹果 / 099

第 111~112 天 / 100
按摩：每天 10 分钟 / 100

第 113~114 天 / 101
警惕肠套叠：一种没有预兆的急症 / 101

第 115 天 / 102
春季：多到户外活动 / 102
夏季：预防脱水热 / 102

第 116 天 / 103
秋季：锻炼耐寒能力 / 103
冬季：在天气晴暖时出门 / 103

第 117~118 天 / 104
围嘴：选购与使用 / 104
早教：固定一个时间放音乐 / 104

第 119~120 天 / 105
游戏：模仿表情、声音 / 105
游戏：举高高 / 105

第 **5** 个月

进入出牙期

第 121 天 / 108
宝宝的生理、感觉、心理发育 / 108

第 122~123 天 / 109
母乳喂养：继续坚持 / 109
人工喂养：以配方奶为主食 / 109

第 124~125 天 / 110
毛绒玩具：应注意安全，定期清洗 / 110

第 126~127 天 / 111
衣服：安全、易穿脱 / 111

第 128~129 天 / 112
喂水：适时适量 / 112

第 130~134 天 / 113
游戏：骑着车子上北京 / 113

第 135 天 / 114
分床睡：不必强求 / 114

第 136 天 / 115
婴儿床：合适、安全是第一位 / 115

第 137 天 / 116
婴儿车：警惕意外伤害 / 116

第 138 天 / 117
有计划地听音乐、童谣 / 117
如何选择给宝宝看的图画 / 117

第 139 天 / 118
解读：宝宝的表情 / 118

第 140 天 / 119
游戏：快乐踢皮球 / 119
游戏：妈妈的腿是港湾 / 119

第 141 天 / 120
便秘：吃母乳也便秘是为什么 / 120

第 142 天 / 121
抓头发吃：口欲期的正常表现 / 121

第 143 天 / 122
分离焦虑：乃人之常情 / 122

第 144 天 / 123
游戏：照镜子 / 123

第 145 天 / 124
换人带宝宝：尽量不要经常这样 / 124

第 146 天 / 125
宝宝有自己的性格与气质：要尊重 / 125

第 147~148 天 / 126
肺炎：注意与感冒区分 / 126

第 149 天 / 128
踢被子：从五个方面检查 / 128

第 150 天 / 129
游戏：飞高高 / 129

第 **6** 个月

能发出 "ma" "ba" 的音

第 151 天 / 132
宝宝的生理、感觉、心理发育 / 132

第 152 天 / 133
母乳喂养：增加白天的奶量 / 133
添加辅食正是好时机 / 133

第 153 天 / 134
添加辅食的信号：可准备，但不必强加 / 134

第 154 天 / 135
第一顿辅食：市售婴儿营养米粉最宜 / 135

第 155 天 / 136
加辅食原则：一定要循序渐进 / 136

第 156 天 / 137
辅食食谱：本月可尝试的 / 137

第 157 天 / 138
喂辅食：要形成一套程序 / 138

第 158 天 / 139
不肯用勺子：多因缺乏练习 / 139

第 159 天 / 140
牙齿生长：有益的营养素 / 140

第 160 天 / 141
出牙：一般 6 ~ 8 个月出第一颗乳牙 / 141

第 161 天 / 142
游戏：滚小球 / 142
游戏：打水花 / 142

第 162 天 / 143
自己拿奶瓶：要鼓励并训练 / 143

第 163 天 / 144
选鞋子：外出可给宝宝穿鞋 / 144

第 164 天 / 145
游戏：学坐 / 145

第 165 天 / 146
社交：与人打招呼 / 146

第 166 天 / 147
游戏：早与晚 / 147

第 167 天 / 148
宝宝扔玩具时：不要生气 / 148

第 168 天 / 149
发音：会发简单的 "ma" "da" "ba" 等音节 / 149

第 169 天 / 150
食物过敏：以湿疹为主要表现 / 150

第 170~171 天 / 151
秋季腹泻：强传染性疾病 / 151

第 172 天 / 153
春季：享受日光浴 / 153

第 173 天 / 154
游戏：抓住它们 / 154
游戏：跑气的气球 / 154

第 174 天 / 155
夏季：注意饮食卫生 / 155

第 175 天 / 156
湿疹、痱子：两者不一样 / 156

第 176 天 / 157
秋季：预防皮肤干燥 / 157

第 177~178 天 / 158
出牙期：容易出现的现象及应对方法 / 158

第 179 天 / 160
冬季：适当补充维生素 D / 160

第 180 天 / 161
多陪伴：宝宝害怕寂寞 / 161

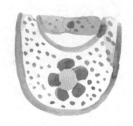

第7个月

爬爬很快乐

第 181 天 / 164

宝宝的生理、感觉、心理发育 / 164

第 182~183 天 / 165

母乳喂养：仍需继续坚持 / 165

混合喂养：可使用代授法了 / 165

第 184~185 天 / 166

人工喂养：奶粉置换的两种方法 / 166

第 186 天 / 167

牙齿护理：从长出第一颗牙就要开始 / 167

第 187 天 / 168

误区：不爬先走 / 168

第 188 天 / 169

鼻子不够挺：不能总捏 / 169

第 189~190 天 / 170

游戏：朋友 / 170

游戏：制造声音 / 170

游戏：五官 / 170

第 191~192 天 / 171

辅食调味：少糖、无盐、无其他调味品 / 171

第 193 天 / 172

不爱吃辅食：不饿、不接受勺子、不适应
辅食 / 172

第 194~196 天 / 173

在家理发：准备与操作 / 173

第 197~199 天 / 174

假哭：宝宝"狡黠"的一面 / 174

第 200~202 天 / 175

依恋：宝宝喜欢妈妈对自己热情有加 / 175

第 203~204 天 / 176

不出牙：1 岁以内可观察 / 176

第 205~206 天 / 177

汽车安全座椅：乘车安全不容忽视 / 177

第 207~208 天 / 178

被蚊虫叮咬后：止痒、防抓 / 178

第 209~210 天 / 179

游戏：骑大马 / 179

第8个月
热衷于互动与游戏

第 211~212 天 / 182
宝宝的生理、感觉、心理发育 / 182

第 213~214 天 / 183
母乳喂养：最迟这个时候也要添加辅
食了 / 183
断乳准备期：增加辅食次数，减少母
乳次数 / 183

第 215~216 天 / 184
辅食：合理安排 / 184
人工喂养：调整奶量 / 184

第 217~218 天 / 185
半固体软食：可吃颗粒状食物 / 185
粥：7 倍粥与 5 倍粥 / 185

第 219~221 天 / 186
家庭小药箱：常备物品清单 / 186

第 222~224 天 / 187
耳屎：不必强行清除 / 187

第 225~226 天 / 188
手脚发凉：大多是"假凉真热" / 188

第 227~228 天 / 189
爱咬人：分情况应对 / 189

第 229~232 天 / 190
幼儿急疹：马后炮——热退疹出 / 190

第 233~234 天 / 191
游戏：搭积木 / 191
游戏：不 / 191

第 235~236 天 / 192
特别认生：积极引导，而非斥责 / 192
分离焦虑：建立"妈妈会回来"的信
任感 / 192

第 237~238 天 / 193
训练：拿勺子吃饭 / 193

第 239 天 / 194
用手抓饭：不必强行纠正 / 194

第 240 天 / 195
防范意外：吞食异物 / 195

第 9 个月
听懂自己的名字

第 241~242 天 / 198
　　宝宝的生理、感觉、心理发育 / 198

第 243~244 天 / 199
　　母乳喂养：减少喂奶次数，增加辅食
　　次数 / 199
　　人工喂养：至少保证每天 500 毫升奶 / 199

第 245~246 天 / 200
　　添加点心：要避免油腻、不易消化的
　　食物 / 200
　　进食喜好不同：可区别对待 / 200

第 247~248 天 / 201
　　辅食：种类比上个月更丰富 / 201
　　辅食性质：以半固体为宜 / 201

第 249~250 天 / 202
　　辅食添加要点：6 种主要食材怎么加 / 202

第 251~252 天 / 203
　　辅食食谱：这个阶段可尝试的 / 203

第 253~254 天 / 204
　　睡前习惯：可从小养成 / 204

第 255~256 天 / 205
　　读懂：小动作 / 205

第 257~258 天 / 206
　　小儿过敏性鼻炎：多发于秋冬季节 / 206

第 259~260 天 / 207
　　打鼾：并非睡得香 / 207

第 261~262 天 / 208
　　挑食：有时候只是尝试次数不够 / 208

第 263~264 天 / 209
　　游戏：颜色 / 209
　　游戏：躲猫猫 / 209

第 265~266 天 / 210
　　尖声叫喊：是说话、发音的准备 / 210

第 267~268 天 / 211
　　玩"小鸡鸡"：与玩手指是一样的意思 / 211

第 269 天 / 212
　　多夸夸：亲子感情更浓厚 / 212
　　听音乐：喜欢简单、重复的旋律 / 212

第 270 天 / 213
　　防范意外：电源插座得有保护装置 / 213

第 10 个月

颤颤巍巍学走路

第 271~272 天 / 216
宝宝的生理、感觉、心理发育 / 216

第 273~274 天 / 217
喂养：适时用辅食代替一顿奶 / 217

第 275~276 天 / 218
辅食种类：可添加的 / 218

第 277~278 天 / 219
辅食特点：时常更新食谱、适当增加
硬度 / 219

第 279~280 天 / 220
汤泡饭：最好不要这样做 / 220
喝汤不吃肉：丢了西瓜捡芝麻 / 220

第 281~282 天 / 221
食谱：现在可尝试的 / 221

第 283~284 天 / 222
游戏：模仿发音 / 222

第 285 天 / 223
走路：宝宝是如何学会走路的 / 223

第 286 天 / 224
学步车：为什么不建议使用 / 224

第 287~288 天 / 225
学步鞋：怎么挑 / 225

第 289~290 天 / 226
游戏：拍手乐趣多 / 226

第 291~292 天 / 227
坐便盆：可开始尝试 / 227

第 293~294 天 / 228
意外防范：烧伤、烫伤 / 228

第 295~296 天 / 230
不愿意洗澡：怎么办 / 230
游戏：玩水 / 230

第 297~298 天 / 231
乱扔东西、捡脏东西吃：是普遍现象，
可引导 / 231

第 299~300 天 / 233
宝宝学说话：父母多鼓励、宝宝多
练习 / 233
早起闹腾：可趁机锻炼宝宝独自玩
耍的能力 / 233

第 11 个月

对什么都很好奇

第 301~303 天 / 236
宝宝的生理、感觉、心理发育 / 236

第 304~306 天 / 237
喂养：不再以奶为主食 / 237
辅食规律：逐渐形成每天 2 ~ 3 顿 / 237

第 307~309 天 / 238
辅食要点：适时添加新品种 / 238

第 310~312 天 / 239
用杯子喝水：可开始训练 / 239

第 313~315 天 / 240
游戏：画画 / 240
游戏：伸手指 / 240

第 316~317 天 / 241
穿脱衣服：引导宝宝学会配合 / 241

第 318~319 天 / 242
开裆裤：不安全、不卫生 / 242

第 320~321 天 / 243
玩具箱：锻炼整理能力 / 243

第 322~324 天 / 244
恋物：不等于恋物癖 / 244

第 325~327 天 / 246
游戏：捡玩具 / 246
游戏：翻书 / 246

第 328~330 天 / 247
疱疹性咽峡炎：高热伴口腔水疱 / 247

第12个月

周岁啦

第 331~333 天 / 250

    宝宝的生理、感觉、心理发育 / 250

第 334~336 天 / 251

    饮食：饭菜由辅食变主食，每天 2

    顿奶 / 251

    进餐仪式：让宝宝上桌吃饭 / 251

第 337~339 天 / 252

    食谱：现阶段可尝试的 / 252

第 340~342 天 / 253

    周岁：特别的庆祝、纪念 / 253

第 343~345 天 / 254

    很晚都不睡：可能是睡眠觉醒节律

    紊乱 / 254

第 346~348 天 / 255

    边吃边玩：追着喂饭多因此而起 / 255

第 349~351 天 / 256

    流鼻涕：有些是正常生理现象 / 256

第 352~354 天 / 257

    断奶：循序渐进、自然而然 / 257

第 355 天 / 258

    阅读：固定时间、场所，渐渐形成

    习惯 / 258

第 356~357 天 / 259

    游戏：拍拍手 / 259

    游戏：倒出来，放进去 / 259

第 358 天 / 260

    教宝宝说话应避免的误区 / 260

第 359~360 天 / 261

    可以吃全蛋了 / 261

第 1 个月
新生儿期

开奶：出生后半小时

宝宝出生后应立即吃母乳或至少在2小时以内吃母乳。让新生宝宝试吮妈妈的乳头，尽早地学会吃奶，这对妈妈和宝宝都很有利。

🍼 建立母婴相互依赖感情

新生宝宝在出生后20～30分钟吸吮能力最强，如果未能得到吸吮刺激，将会影响以后的吸吮能力。而且新生宝宝在出生后1小时是敏感时期，是建立母婴相互依赖感情的最佳时间。

🍼 有利哺乳和产后恢复

母乳分泌受神经、内分泌调节，新生宝宝吸吮妈妈的乳头，可以引起母乳神经反射，促使乳汁分泌和子宫复原，减少产后出血，对哺乳和产妇恢复健康都有利。

🍼 预防宝宝低血糖

早喂奶还可以预防宝宝低血糖的发生和减轻生理性体重下降的程度。低血糖能引起大脑持续性损害，尤其是体重轻、不足月的新生宝宝更容易发生低血糖。

另外，喂奶晚的新生宝宝黄疸较重，还可能发生脱水热。

所以，只要产妇情况正常，分娩后应该尽早给新生宝宝喂奶。

初乳：提升免疫力

分娩前，很多妈妈就已经有少量乳汁泌出。分娩后，泌乳量开始增加，乳汁的颜色微黄，有些黏稠，这就是初乳。有些妈妈因为初乳颜色看上去不太干净而把初乳挤出来扔掉，这是不对的。

初乳含有大量免疫球蛋白、生长因子、乳铁蛋白等有益成分，有很高的营养价值，可以让宝宝长得快、少生病，是新生宝宝非常需要的。

不过，如果宝宝没有吃到初乳，也不用太遗憾，妈妈之后的乳汁虽然营养价值不如初乳高，但也是可以满足宝宝需求的。另外还可以购买初乳类的配方奶粉给宝宝添加食用。

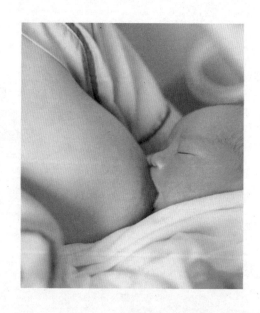

哺乳：正确的姿势

妈妈可以躺着、坐着或者站着喂，只要妈妈觉得舒服就可以。

躺着喂奶

分娩后的第一天妈妈会很累，这个时候建议妈妈躺着喂奶，躺着喂的时候要求妈妈把身体侧着喂。喂奶的时候让宝宝躺在床上而不要躺在妈妈的胳膊上，宝宝的身体也要侧过来和妈妈面对面；把宝宝的鼻头对着妈妈的乳头，要把宝宝搂紧，注意搂紧的是宝宝的臀部而不是头部。因为躺着喂奶妈妈很容易睡着，如果宝宝的头部被抱紧，而妈妈处于睡着的状态，就特别危险，妈妈的乳房可能会把宝宝的鼻子堵住，使宝宝呼吸困难甚至窒息。

坐着喂奶

在宝宝出生一段时间以后，妈妈可以坐着给宝宝喂奶。妈妈坐在沙发或者床等比较舒服的地方，在医院的话可以把病床摇起来，尽量坐得舒服些。宝宝的姿势也需要注意，正确的姿势应该是宝宝的肚皮和妈的肚皮紧贴着，在宝宝身下垫个枕头，手要托着宝宝的臀部，让宝宝的头和身子成一条直线，宝宝的鼻头对着妈妈的乳头。

下奶前：一般不用喂奶粉

有的妈妈出奶时间长，家人怕宝宝饿着，就用糖水、牛奶等喂养宝宝，其实这完全没有必要。因为新生宝宝在出生前，体内已贮存了足够的营养和水分，可以维持到妈妈来奶，而且只要尽早给新生宝宝哺乳，少量的初乳就能满足刚出生的正常新生宝宝的需要。

开奶前用母乳替代品喂宝宝，会对宝宝和妈妈都不利。

对宝宝的危害

1. 宝宝吃饱以后，不愿再吸吮妈妈的乳头，也就吃不到具有抗感染作用的初乳。

2. 过早地用牛奶喂养宝宝容易发生牛奶过敏。

3. 开奶前用母乳替代品喂宝宝，一方面会使宝宝产生"乳头错觉"（奶瓶的奶嘴比妈妈的乳头易吸吮），另一方面，因为奶粉冲的奶比母乳甜，这些都会造成新生儿不爱吃母乳，造成母乳喂养失败。

易患乳腺炎

对妈妈来说，推迟开奶时间也相应地使自己来奶的时间推迟，妈妈也更容易发生胀奶或乳腺炎。

第3天

黄疸：生理性黄疸不要紧

新生宝宝出生后的皮肤为粉红色，生后 2～3 天时，细心的父母会发现宝宝的皮肤发黄，有的宝宝的白眼珠（巩膜）也发黄，第 4～6 天明显，2 周内自然消退。宝宝除皮肤发黄外，全身情况良好，无病态，医学上叫作生理性黄疸。

原因

生理性黄疸的产生主要是由于新生宝宝红细胞破坏过多和肝细胞功能不完善造成的。一周以后，随着红细胞破坏的减少，肝功能日趋完善，生理性黄疸便逐渐消失。

表现症状

宝宝吃奶很好，哭声响亮，不发热，大便呈黄色，出生后第 4～6 天时黄疸明显，2 周内消退，如果是早产儿一般在出生后第 3 周消退。早产儿黄疸可能较重，常持续 7～10 天，个别宝宝的生理性黄疸可持续 40 多天，但是如果宝宝精神很好，体重增加，大便正常，父母也不必担心。

抱新生儿：三种主要方式

仰面抱着

将宝宝仰面抱在手臂中。妈妈的左手臂弯曲，让宝宝的头躺在妈妈左臂弯里，右手托住宝宝的背和臀部，右臂与身体夹住宝宝的双腿，同时托住宝宝的整个下肢。注意妈妈的左臂要比右臂高 10 厘米左右。这样的抱法能使宝宝的头部及肢体受到很好的支撑，有安全感，也比较舒适。

面向下抱着

将宝宝面向下抱着，这种抱法在宝宝 8 周以后采用为好。妈妈弯曲左臂，使宝宝的下巴及脸颊靠着妈妈的左前臂，左手按着宝宝的臀部，宝宝的两只手分别放在妈妈左手臂的内外。妈妈的右臂从宝宝的背后经双腿间插入宝宝的腹部，手一直伸到宝宝前胸。这样，妈妈的两只手臂完全托住了宝宝的身体，宝宝面向下会感到舒适和安全。

靠住大人的肩膀

将宝宝靠住大人的肩膀抱着。妈妈的一只手放在宝宝的臀下，支撑其体重；另一只手扶住宝宝的头部，使宝宝靠住妈妈的肩膀，立卧在妈妈的胸前。这样抱宝宝，不但会使宝宝感到安全，而且宝宝身体直立，无压迫感。

第4天

体重：出生后2～4天会减轻

新生儿在初生数天内，由于母亲乳汁分泌少而吃得少，加上皮肤、呼吸蒸发水分，又排出胎粪和小便，所以体重非但不增加，反而有下降趋势，大都在出生后2～4天降至最低点，这称为生理性体重下降。一般在出生后10天左右可恢复到出生时的体重。

"假月经"：女宝宝有很正常

细心的父母常常发现刚出生1～2天的女婴的尿布上有白色的黏液，少数女婴在出生后一周左右还会流出血性分泌物，这种情况称为"假月经"。

这种假月经与成年女性的月经从道理上讲是相同的，即为雌激素及孕激素的撤退所造成的，对新生宝宝只是暂时现象。因为胎儿在妈妈子宫内受胎盘雌激素及孕激素的影响，激素维持在一定水平，生后断脐，激素的来源中断，引起子宫内膜脱落，临床上表现为"假月经"，有时色鲜红，有相当的量。这属于正常的生理现象，不需要任何治疗，一般过几天就会自然消失，父母不必为此担心。

脱皮：千万不能揭

出生3～4天的新生宝宝全身皮肤开始"落屑"，有时甚至是大块地脱落，这可吓坏了父母们，不知如何是好。其实，这也是一种生理现象。由于胎儿一直生活在羊水里，当接触外界环境后，皮肤就开始干燥，表皮逐渐脱落，一般1～2周就可自然落净，呈现出粉红色、非常柔软光滑的皮肤。

由于新生宝宝的皮肤角质层比较薄，皮肤下的毛细血管丰富，脱皮时，父母千万不要硬揭，这样会损伤宝宝的皮肤，引发感染。

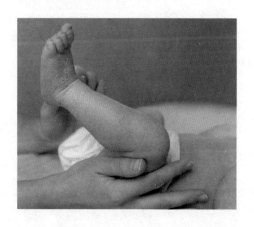

⊙ 贴心提示

补充维生素D每天只需要400～800国际单位就够了，切忌过量，超过1 000单位可能导致宝宝中毒。

乳头内陷：不影响哺乳

大概有 10% 的妈妈会有乳头内陷或扁平的苦恼。其实，只要宝宝能够很好地含住妈妈的乳头，那么扁平或内陷的乳头都不会影响母乳喂养。不少妈妈还会发现，怀孕时期还扁平的乳头在哺乳期间由于宝宝的吸吮而突出了。

让宝宝正确地含住乳头

乳头突出并不是母乳喂养成功的关键，当宝宝吃奶时，不应只是含住了乳头，而应该尽量把乳晕都含进嘴里。乳头内陷的妈妈，头几次喂奶，需要有熟练技巧的人帮助妈妈，以便宝宝可以把大部分乳晕含进嘴里，吃到奶水。

提前矫正

如果准妈妈有乳头内陷的，需要提前矫正，在生宝宝前三四个月就应该在冲凉的时候用肥皂洗乳头，用手拔一下乳头。即使乳头正常的准妈妈怀孕后期最好也每天轻轻地把乳头拉长，有利于将来宝宝的吮吸。

准备一个奶嘴

妈妈可以买一个奶嘴，挤掉里面的空气后把它贴在乳头上，再让宝宝吃奶，用一段时间以后，乳头就不内陷了。

乳头皲裂：怎么喂奶能缓解疼痛

对乳头皲裂的妈妈，可采用下述方法减轻喂奶时乳头的疼痛。

1. 哺乳时应先在疼痛较轻的一侧乳房开始，以减轻对另一侧乳房的吸吮力，并让乳头和一部分乳晕含吮在宝宝口中，以防乳头皮肤皲裂加剧。

2. 勤哺乳，以利于乳汁排空，乳晕变软，利于宝宝吸吮。

3. 如果乳头疼痛剧烈或乳房肿胀，宝宝不能很好地吸吮乳头，可将乳汁挤出，用奶瓶喂给宝宝。

4. 喂奶完毕，一定要待宝宝口腔放松乳头，才将乳头轻轻拉出。

第6天

母乳喂养：补充维生素 D

新生儿外出晒太阳的机会不多，若是天气寒冷，即使已经满月也不宜经常外出，容易因为缺乏维生素 D 而缺钙，所以需要适当补充维生素 D。

如果是纯母乳喂养，则尤其需要注意从宝宝出生 15 天开始补充维生素 D，因为母乳中维生素 D 含量较低。而配方奶喂养或者混合喂养的宝宝会从奶粉中摄入一定量的维生素 D，可以酌情减量补充，如果每天配方奶达 600 毫升则可不必额外补充维生素 D。

现在的维生素 D 制剂有多种剂型和包装：有维生素 AD 合剂、纯维生素 D 制剂、含维生素 D 的复合制剂；有胶囊、片剂、滴剂，滴剂有 1 毫升的，也有一滴就含 400 国际单位维生素 D 的。因此，选择维生素 D 补充剂前是一定要弄清楚。若只希望补充维生素 D，可选择单一维生素 D_3 的胶囊或滴剂。

> ☺ 贴心提示
>
> 正规的奶粉，包装上都明确标示了冲调方法和需要注意的事项，妈妈只要按照说明去做即可。不要随便改变配方奶的浓度，配方奶的浓度应该是固定的，如果太稀，宝宝可能会缺乏营养，太稠则很容易消化不良。

适量：配方奶喂养的原则

宝宝之间存在个体差异，胃容量和消化能力都不同，按需喂养更符合初生阶段宝宝的身体特点和生长发育规律。

🍼 宝宝饿了就喂

宝宝啼哭时，给奶就停止哭了，说明宝宝饿了，就是需要喂奶了；而给奶不吃，就说明宝宝不饿，可以暂时不喂。不过喂奶间隔不能超过 4 小时，以免宝宝出现低血糖。

🍼 能吃多少喂多少

出生 1 ~ 2 天的新生儿每次只能吃 20 ~ 30 毫升的奶，几天后可以达到 60 毫升，有的宝宝胃口大，可以吃 80 毫升。妈妈需要观察总结，如果这次冲 60 毫升奶，宝宝喝不完剩下了，下次就少冲 10 ~ 20 毫升；宝宝喝完还不够，下次就多冲 10 ~ 20 毫升。

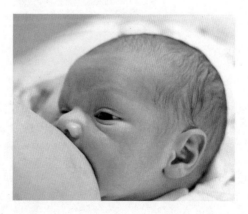

第**7**天

奶嘴：新生儿用圆孔 S 号

宝宝来到这个世界之前，家长就会准备好新生儿需要使用的东西。奶嘴是必不可少的东西。那么，新生儿适合用什么类型的奶嘴呢？

圆孔

圆孔的奶嘴适合新生儿，因为奶水能通过圆孔的奶嘴流出来，适合吸吮力较弱的新生儿。而且圆孔的奶嘴奶水流出量并不是很大，且不会很急，这样能最大限度地避免新生儿呛奶。

S 号

新生儿吮吸的能力比较弱，一般来说，吮吸 10 ~ 15 分钟就会累了，所以最好选择吮吸时间在 10 ~ 15 分钟就可以让新生儿吃饱的奶嘴。S 号是最适合新生宝宝的。

奶瓶：玻璃的更安全

玻璃奶瓶是采用高级耐热玻璃制成的，材质安全不含致癌物质双酚 A，透明度高，遇酸性或碱性物质不会释放出有害物质。玻璃透明度高，耐热性佳，且不易刮伤、不易藏污垢，易于清洁，多次高温消毒不变质，适合需要多次吃奶的新生儿使用。

不过，玻璃易碎，妈妈可以为宝宝选择安全玻璃奶瓶。安全玻璃奶瓶是双层设计，里层是玻璃，外层是高强度材质，比普通玻璃奶瓶抗冲击力更强。最重要的是即使摔碎了，玻璃碎片被外层的保护层包裹在里面，可以防止碎片伤害宝宝。

第8天

奶具：每天沸水消毒

新生儿的免疫系统不完善，抗病菌能力较差，很容易被感染。而喂奶的餐具经常残留奶液，奶液是营养非常丰富的物质，容易滋生细菌，所以需要及时、彻底地清洁，防止病从口入。

准备奶瓶刷

准备一大一小2个奶瓶刷，每次喂完奶后，先倒掉残留的奶液，用清水冲洗一下奶瓶，再用大奶瓶刷先里后外地刷洗奶瓶，然后用小奶瓶刷刷洗奶嘴外面，再翻过来刷洗里面，最后疏通一下出奶孔，以免被奶渍堵塞。刷洗时要注意奶瓶和奶瓶盖的接口处，这里是容易残留污渍的地方，需仔细刷洗。

开水消毒

奶瓶除了每次用完都清洗外，还需定时消毒，最好每天消毒1次，可以放在普通的锅里用开水煮，或用蒸锅蒸，一般8～10分钟即可。消毒器具要专用，也可以用专用的消毒锅。

夜间喂奶：三点注意

夜间给宝宝喂奶，妈妈要注意以下几点。

一定要坐起来

夜间喂奶，建议妈妈像白天一样坐起来喂。

忙碌一天的妈妈，到了夜间，特别是后半夜，当宝宝要吃奶时，妈妈睡得正香，总是在朦朦胧胧中给宝宝喂奶。这是非常危险的。一方面，妈妈因为困倦，躺着喂奶容易忽视乳房堵住宝宝鼻孔，使宝宝发生呼吸道堵塞。

另一方面，光线暗、视物不清，妈妈不易发现宝宝是否溢奶，躺着给宝宝喂奶，宝宝有可能发生溢奶而导致窒息。

喂两次就可以

如果宝宝在夜间熟睡不醒，就尽量不要惊动他，把喂奶的间隔时间延长一些。一般说来，新生儿期的宝宝，一夜喂2次奶就可以了。

喂完奶不要立马睡

每次喂完奶后妈妈应将宝宝抱直，轻拍宝宝背部使宝宝打出嗝来再让宝宝躺下睡，以防止溢奶。

第9天

早产儿：须特别用心喂养

早产儿体质差，若不注意喂养容易造成宝宝营养不良，生长发育受限。

尽早喂奶

目前，多主张尽早给早产儿喂奶。健康的宝宝，可在出生后 4 ~ 6 小时开始喂奶；体重在 2 000 克以下者，应在出生后 12 小时开始喂奶；若出生时情况较差的宝宝，可推迟到 24 小时后喂奶，先喂 10% 糖水 1 ~ 2 次，每次 3 ~ 5 毫升，如吃得很好，可改为喂奶。

以母乳为优

对有吸吮能力的早产儿，应尽量哺喂母乳；对于吸吮能力差的宝宝，可先挤出母乳，然后用滴管缓缓滴入宝宝口内。一般每 2 ~ 3 小时喂一次。

若母乳不够或无母乳，可选用早产儿配方奶粉喂养。早产儿配方奶粉针对早产儿的生理特点和营养需求设计，对早产儿的生长发育很有好处。

少量多次

早产儿的哺喂量最初 2 ~ 3 日以体重为准，每日每千克体重喂奶 60 毫升，以后随宝宝体重增长逐渐增加喂奶量。一般每日哺喂 8 次，即每 3 小时喂一次，在 2 次哺乳中间可喂水一次。

特别添加一些营养物

早产儿体内各种维生素贮量少，可特别添加一些营养物。宝宝出生后每日可喂 3 毫克维生素 K_1 和 100 毫克维生素 C，共 2 ~ 3 天。出生后 3 天，可喂 25 毫克复合维生素和 50 毫克维生素 C，每日 2 次。10 天后可喂浓缩鱼肝油滴剂，由每日 1 滴逐渐增加到每日 3 ~ 4 滴。生后 1 月，可喂铁剂。

人工喂养：宝宝需要喝水

奶粉喂养的宝宝需要在两次奶之间适量喂些水，每次 20 ~ 30 毫升即可。原因之一是配方奶中所含的酪蛋白不易消化，乳糖含量相对较少，容易引起宝宝便秘，适量补充水分有利于缓解便秘；另外一个原因是配方奶中的钙、磷等矿物质含量较多，且吸收利用率较低，多喝水可帮助宝宝排出多余的矿物质，不至于给宝宝的肾脏增加太多负担。

母乳喂养：不必喂水

正常情况下，母乳喂养的宝宝在 6 个月前都不需要喝水，因为母乳中 70% 都是水分，足以满足宝宝的需求。但是，也有一些特别的情况，需要给宝宝补充水分。

1. 宝宝发热、汗多或腹泻的时候，丢失水分较多，需要及时补充，以免缺水引起水、电解质紊乱。

2. 宝宝有便秘现象，需要适当喂水润滑肠道。

3. 天气过于干燥或炎热时，如果发现宝宝嘴唇发干，经常用舌头舔嘴唇，就需要适当给宝宝喂水。

第**11**天

脐带护理：清洁消毒

新生儿的脐带断面和脐窝容易受感染，严重时会导致败血症，所以需要重点关注和护理，平时要注意观察，发现有红肿、化脓的现象要立即去医院处理。

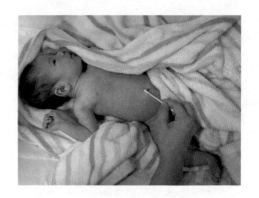

若没有异常，只需定时清洁即可。清洁时用消毒棉签蘸 75% 的酒精轻轻擦拭断面和脐窝周围即可。

如果脐窝有发红现象，可以先用碘伏消毒，然后用 75% 的酒精擦拭。

清洁脐带不会引起疼痛，所以不要蜻蜓点水地蘸一下，而是要彻底、仔细地清洁，尤其是断面，最好把断面翻开，使里面也得到清洁。

游泳：注意安全

新生儿游泳好处多多，比如可以促进血液循环、增加肺活量、促进排便、减轻黄疸等，有条件可以让宝宝规律地游泳。

1. 宝宝游泳时，要注意安全，最好有专业人士陪伴。

2. 每次下水前要检查游泳圈，看是否漏气，看型号是否合适、保险扣是否结实等。

3. 游泳时的温度最好可控，控制在室温 28 摄氏度、水温 38 摄氏度。

4. 脐带没有脱落前，游泳时要用防水贴贴住，游完泳记得给脐带消毒。

5. 下水前、出水后要注意给宝宝保温，不要忽冷忽热，以免感冒。

6. 不宜一次游太长时间，新生儿期要更短些，每次 5 ~ 10 分钟就可以了，以后可以慢慢增加到 15 ~ 20 分钟。

有些宝宝不适合游泳，如出生时新生儿评分小于 8 分、有并发症、胎龄小于 32 周、出生体重小于 2 000 克的新生儿或者有皮肤破损、感染等，都不适合游泳。

洗澡：新生宝宝如何洗澡

新生宝宝身上有一股奶腥味，再加上吃奶的时候宝宝会流很多汗，因此，新生宝宝需要洗澡。给宝宝洗澡既可以保持宝宝皮肤清洁，避免细菌侵入，又可通过水对皮肤的刺激加速血液循环，增强宝宝的抵抗力，还可通过水浴过程，使宝宝全身皮肤触觉、温度觉、压觉等感知觉能力得到训练，使宝宝感觉满足，有利于宝宝心理、行为的健康发展。

做足准备工作

1. 准备好洗澡用的物品：小凳子、浴盆、小毛巾（洗澡和洗头用）、洗发精、沐浴液或婴儿皂、润肤露等；大浴巾、干净尿布、衣裤、包被等洗澡后的用品也应事先准备好。

2. 调节房间温度：房间温度保持在 25 ~ 30 摄氏度。

3. 调好洗澡水的温度：水温在 38 ~ 40 摄氏度，以肘部觉得温热，或滴在大人手背上觉得稍热而不烫手为宜。

4. 提前 1 ~ 2 小时喂奶。

先洗头

先给宝宝脱去衣服，用大毛巾将身体包裹好，让宝宝仰卧在母亲的一侧大腿上，由父亲（或其他辅助者）给宝宝洗头。洗头时，应用左手托住宝宝的头和颈，左手拇指和中指从后面按住宝宝的耳郭，防止水进入耳道，用右手为宝宝洗头。洗完后，一定要用清水冲洗干净宝宝的头发，再用毛巾轻轻将其擦干。

再洗身体

先用毛巾包住宝宝下半身，为宝宝清洗颈部、腋下、前胸、后背、双臂和双手。清洗时要注意不要让水流入宝宝脐部，并仔细清洗宝宝的皮肤皱褶处，将宝宝的身体彻底洗干净。

然后再清洗宝宝的腹股沟、臀部、双腿和双脚。如果是男孩，清洗外阴时应将宝宝的包皮翻起来，用水冲净其中的积垢；如果是女孩，应将宝宝的大阴唇轻轻分开，将其中的污垢轻轻擦洗干净。

洗完后，将宝宝身体擦干，用干净的大毛巾包裹好。

出院回家：关键事情处理好

新生儿出院要获得医生的允许，如果医生认为还需要再留院观察，不可强行出院。出院前，要先确定一些事，如确定宝宝全身检查已完成，黄疸值在可以接受的范围，卡介苗和乙型肝炎疫苗第一针已经注射，代谢异常筛查也已做完，等，然后可以准备出院了。

家里也要帮宝宝准备好，宝宝回家前房间要通一次风，房间温度控制在 18 ~ 22 摄氏度，湿度为 50% ~ 60%，可以买一个温湿度计，随时观察。

宝宝从医院回家的路上，做好防风保暖的工作。

避免空调病

宝宝皮肤薄嫩，皮下脂肪少，毛细血管丰富，体温调节中枢尚未发育完全。如果使用空调不当，宝宝受到冷气侵袭，容易使体温调节中枢失去平衡，引起上呼吸道感染、食欲不振等病症，俗称空调病。

那么，炎炎夏日，怎样才能让宝宝既享受空调的舒适，又避免空调病呢？

做好空调的清洁

空调的过滤网要定时清洗，尤其是长时间未用的空调，在用之前更要清洗消毒。不然，一开空调，堆积在过滤网里的灰尘和细菌都被吹到屋子里，不利于健康。

温度别太低

室内温度最好控制在 24 ~ 26 摄氏度，这样可以避免室内室外温差过大，宝宝的身体也能更好调节体温。而且，一般开机超过 3 小时，要将门窗打开，进行通风换气。

避免直吹

不论是大人还是宝宝，都应避免空调直吹，防止着凉。

宝宝穿衣要够

在空调房内，记得给宝宝添衣。宝宝在玩闹时，不容易冷，但静下来或睡觉时，持续的低温，容易使宝宝着凉感冒。在空调房内，家长不妨给宝宝穿长袖上衣，或加一件薄外套。在宝宝睡觉时，要用毯子盖着宝宝肚子，以防着凉。

不长时间待在空调房

每天清晨和黄昏时分，室外气温较低，此时，可以带宝宝到户外活动活动，让宝宝呼吸新鲜空气，晒晒太阳，促进钙的吸收，提高身体免疫力。

第14天

尿布或纸尿裤：轮换用

传统的棉布尿布透气性强，不刺激皮肤，不容易导致宝宝长湿疹，并且便于清洗，经济实用，是父母们的首选。但是纸尿裤吸水性更强，宝宝排胎便的时候用纸尿裤较合适。另外，在外出时，携带尿布和更换尿布都不太方便，用纸尿裤就比较合适。总之，在确保宝宝健康、舒适的基础上，方便操作即可。

选购纸尿裤时，其透气性是最重要的，可以用一杯热水和一个冷杯子试验一下，将热水倒在尿不湿的正面，冷杯子杯口贴在尿不湿的背面，如果透气性好，冷杯子的内壁就会出现雾气或者凝结出水珠，反之则无。

尿布：怎样兜尿布

婴儿皮肤薄嫩，血管丰富，易擦伤而引起感染。在婴儿期间需日夜包尿布，直到宝宝受到大小便的训练为止，特别是在宝宝出生后头几个月里，更要及时正确地为宝宝更换尿布。

换尿布前可先在宝宝身下铺一块较大的隔尿垫，以防换尿布期间宝宝突然撒尿或拉屎把床单弄脏。

如果使用棉布尿布，父母可一只手将宝宝的屁股轻轻托起，另一只手撤出尿湿的尿布，然后擦洗干净宝宝的臀部、生殖器和两腿皱褶，再将干净尿布放在宝宝身下，使尿布底边与宝宝腰部齐平，将尿布下面的一个角从宝宝两腿之间向上兜至脐部，再将其余两个角从身体的两侧兜过来固定好。如果是男孩，应将尿布多叠几层放在阴茎前面；如果是女孩则应在屁股下面多叠几层，以增加特殊部位的吸湿性。

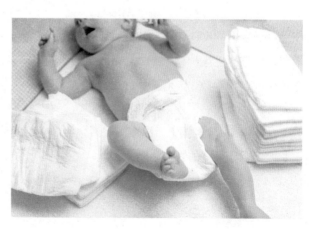

尿布疹："小屁屁"最需要的是透气

尿布疹是指新生儿接触尿布或纸尿裤的皮肤出现成片分布的鲜红色红斑，甚至发生丘疹、水疱、脓疱、糜烂的皮肤疾病。

宝宝大小便后没有及时更换尿布，或尿布没有洗干净，或长期使用不透气材料的尿布或纸尿裤包裹宝宝的臀部等，都会使宝宝出现尿布疹。

预防尿布疹

1. 尿布或纸尿裤要勤换，每次尿湿后应立即更换。

2. 使用棉布尿布时，应多选柔软、舒适、透气和吸湿性强的纯白或浅黄、浅粉等浅色调的新棉布，不要选用蓝、青、紫等深色的布料，也不要用旧床单、旧被里、旧衬衫为宝宝改制尿布，以免刺激宝宝的皮肤。为宝宝选择纸尿裤时，应选择正规厂家生产、透气性好的纸尿裤。

3. 每次大便后要用温水冲洗宝宝的臀部及外阴部，轻轻擦干后涂上护臀膏。

4. 经常让宝宝的臀部晒晒太阳。

防吐奶：吃完奶后拍嗝

宝宝吃奶的时候，会同时吸入一些空气，而新生儿的胃部呈水平状，胃部连接食管的括约肌较松弛，当胃里的空气排出时，就会带着奶液，称为吐奶。吐奶严重时，会呛入气管，有造成宝宝窒息的危险。

因此，宝宝吃完奶后，要先拍嗝，再让宝宝躺下，降低发生吐奶的概率。

拍嗝的方法

在宝宝吃完奶后，妈妈先把宝宝转为竖直抱着，头部趴在自己的肩膀上，然后用一只手轻轻拍击宝宝背部，待宝宝打出几个嗝后再让宝宝躺下。如果这个方法仍然无法让宝宝打嗝，就尝试揉揉宝宝的腹部，或者让宝宝趴在自己的大腿上，给宝宝的腹部施压，再轻轻拍击宝宝的后背，一般宝宝就会打嗝了。

即使是拍了嗝才躺下，宝宝也可能会吐奶，所以还是要认真观察20～30分钟。如果发生了吐奶，应立刻将宝宝转成侧卧，让乳汁顺着嘴角自然流出。

喂奶：不会吸吮怎么办

有些新生儿有些缺陷，如早产或者唇腭裂等，不会吸吮，妈妈可以用小勺子喂食。

现在的婴儿专用勺多为硅胶质地，它安全、无害，适合婴幼儿使用。在为宝宝选择婴儿专用勺时，应注意勺头的宽度以宝宝口腔宽度的一半为好。

用哺乳的姿势将宝宝抱在怀里，用小勺子舀着喂食即可。如果宝宝不会吞咽，可以把小勺子放在嘴角，让乳汁顺着嘴角自然流入喉咙。

⊙ 贴心提示

为了防止喂食时间过长乳汁变凉，妈妈可以将乳汁挤出放在小杯子里，将其放入热奶器中保温。

囟门：尚未闭合

婴儿出生时有前囟、后囟两个囟门。前囟是额骨和顶骨形成的菱形间隙，初生时对边直径为 1.5 ～ 2 厘米，前几个月会随头围的增长而扩大，6 个月后随着额骨和顶骨的骨化逐渐缩小，18 个月左右闭合。后囟是顶骨和枕骨形成的"人"字形间隙，缝隙比较小，一般在出生 6 ～ 8 周闭合。

宝宝的囟门会反映出一些健康问题：

🍼 囟门鼓起

1. 囟门突然鼓起，在哭闹时更明显，用手触摸有紧绷绷的感觉，并伴有发热、呕吐、颈项强直、抽搐等症状，提示颅内可能有感染，有可能是脑炎或脑膜炎，应马上就医。

2. 囟门逐渐变得饱满，可能是颅内长了肿瘤，或者硬膜下有积液、积脓、积血等，要尽早就医。

3. 长时间服用大剂量鱼肝油、维生素 A 或四环素等药，可使囟门饱满，需要咨询医生停服药或者减少服用量。

🍼 囟门凹陷

1. 如果宝宝正在腹泻、发热或者使用了大量脱水剂，出现囟门凹陷提示宝宝已经缺水，要及时补水。

2. 宝宝囟门凹陷，而且过度消瘦，可以判断宝宝营养不良。

⊙ 贴心提示

为预防感染，囟门要经常清洁，如果头皮有外伤要及时消毒，以免感染。另外，外出或温度较低时要给宝宝戴帽子保暖。

多久喂一次奶：因人而异

新生宝宝喂奶的时间间隔和次数应根据宝宝的饥饿情况来定，也就是说宝宝饿了就要喂。若不到时间宝宝还不饿就喂，宝宝消化不了，容易造成腹泻；也不能长时间不喂，以免宝宝一下子吃得过饱，消化不良。一般白天每2小时喂一次，夜间3～4小时喂一次，一天喂9～10次，夜里若宝宝不醒也可不喂，尽量让宝宝休息。

刚出生的宝宝因为胃的容量小，所以喂奶的次数多一些，随着年龄增长，喂奶的次数会减少。

吃奶频繁：是因为奶不够吗？

在早期，特别是前两个月，宝宝吃奶很频繁，有几个原因：

1. 刚开始宝宝胃很小，像小玻璃球这么大，几天后可能比乒乓球大一点，而母乳又很容易吸收，所以吃了没多久肚子就空了。

2. 宝宝的成长速度非常快，前三四个月每周长170克左右，半岁内体重会翻倍，对奶的需求量会比较大。

3. 宝宝经常有吃奶的要求，既是宝宝的心理需求，也是在帮妈妈催奶。

所以，一般情况下，宝宝吃奶次数多，妈妈不用担心是因为奶不够。

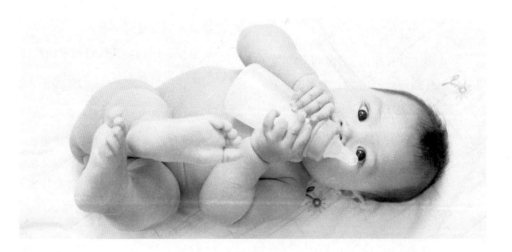

第**18**天

乳房瘪：是因为没奶了吗？

虽然哺乳到后期乳房瘪了，但还是会有喷乳反射，宝宝还是会吃到很多奶。因为妈妈的血液一直在循环，所以乳房会一直产乳。后面虽然乳流量变慢了，但会一直产乳，而且现产母乳脂肪含量高，会很浓很白，宝宝可能不需要喝很多就饱了。

生病了：要给宝宝哺乳能吃药吗？

医生会比较保守地说，哺乳期间最好不要吃药。但是所有的药，都是分安全等级的。妈妈用药前可以先问一下医生是否会影响哺乳，或者服药和不服药的利弊等再做决定。

看看治疗时间能否延迟

有一些疾病，可以询问医生能否推迟到宝宝大一些的时候再治疗。因为宝宝越小，对母乳的依赖程度就越高，免疫力也越弱，受药物影响也越大。

选择不需口服的药物

尽量选择不用口服的药物，选择外用的药物来治疗。

总的来说，母乳喂养期间妈妈生病是在所难免的，除了那些严重的、传染性极强的疾病，在患病期间不能继续母乳喂养，其他的情况基本上都是可以坚持母乳喂养的。

判断：宝宝是否吃饱

宝宝是否吃饱了，妈妈可以从以下几个方面来判断。

1. 喂奶时可听见宝宝的吞咽声（连续几次到十几次）。

2. 喂奶前乳房丰满，喂奶后乳房较柔软。

3. 宝宝的尿布24小时湿6次及6次以上。

4. 宝宝大便软，呈金黄色、糊状，每天2～4次。

5. 在两次喂奶之间，宝宝很满足、安静。

6. 宝宝体重正常增长。

出现以上6种情况，则说明宝宝吃饱了。

枕头：0～3个月不需要使用

新生宝宝不需要使用枕头。新生宝宝的生理弯曲没有形成，无论仰卧还是侧卧，头部和肩背部都能保持在一个水平上，因此不需要枕头。在没有枕头的情况下，宝宝的呼吸更顺畅。

如果宝宝穿了较厚的衣服，头部和肩膀或背部不能保持在一个水平上了，就需要在头下枕一些东西。枕的东西不能太厚，对折的毛巾足够了。

垫毛巾的时候要注意，毛巾应该垫在颈部和头部连接的地方，而不是头部。宝宝现在的颈部弱而无力，而头的后部较突出，如果垫在头后部，会在颈部形成一个弯曲，使宝宝呼吸不畅。

第20天

穿脱衣服：多练

给新生宝宝穿脱衣服除了要选择易穿脱的衣服外，还要掌握技巧。

脱衣服

1. 把宝宝放在一个平面上，从正面解开连衣裤套装。

2. 把宝宝的双腿提起，轻轻地从两只裤筒中抽出，再把连衣裤往上推向背部到他的双肩。

3. 轻轻地把宝宝的右手拉出来；另一侧做法相同。

4. 如果宝宝穿着汗衫，把汗衫向着头部卷起，把袖口弄成圆形，然后握着宝宝的肘部，轻轻地把手臂拉出来。

穿衣服

1. 把宝宝放在一个平面上，穿汗衫时先把衣服弄成一个圈并把衣服的颈部拉撑大一些，把它套过宝宝的头，同时要把宝宝的头稍微抬起。

2. 把衣袖口弄宽并轻轻地把宝宝的手臂穿过去。

3. 把汗衫往下拉，把袖子捋直即可。

消化：看大便可知消化情况

宝宝的大便与喂养情况密切相关，同时也反映了胃肠道功能及相关疾病。妈妈应该学会观察宝宝的大便，判断宝宝的健康状况。

颜色形状

一般来说，母乳喂养的宝宝大便多为均匀糊状，呈黄色或金黄色，有时稍稀并略带绿色，有酸味但不臭，偶有细小乳凝块。

而配方奶喂养的宝宝，大便则较干、稠，而且多为成形的、淡黄色的，量多而大，较臭，每日 1 ~ 2 次。配方奶喂养的宝宝更易便秘。

如果宝宝长时间出现异常大便，如水样便、蛋花样便、脓血便、柏油样便等，则表示宝宝可能生病了，应及时去咨询医生并治疗。

次数

宝宝每日排便 2 ~ 4 次，有的可能多至 4 ~ 6 次，只要宝宝精神佳，吃奶香，一般没什么问题。添加辅食后，宝宝的粪便则会变稠或成形，次数也减少为每日 1 ~ 2 次。

第21天

正确穿纸尿裤：防止"红屁屁"

虽然纸尿裤使用方便，但是，给宝宝穿纸尿裤时妈妈也要注意一些细节，防止宝宝"红屁屁"。

1. 把宝宝两腿之间的松紧带整理好非常重要，最外侧的松紧带一定要拉出来，这是预防侧漏的关键。

2. 根据宝宝的生长状况，及时给纸尿裤"升级"。

3. 在宝宝大便后，一定立即清理更换，及时水洗或用湿纸巾清理宝宝的小屁股，还可给宝宝涂上护臀霜，这对防止"红屁屁"很重要。

4. 纸尿裤不宜长时间穿戴。由于穿上纸尿裤会形成一个潮湿的环境，不利于皮肤的健康，所以取下纸尿裤后不要马上更换新的纸尿裤，给皮肤进行适当的透气，保持皮肤干爽，有利于减少尿布疹的产生。

尿布：必须经常洗涤

尿布必须经常洗涤，正确洗涤尿布是保证宝宝健康的关键。

选好洗衣液

尿布直接接触宝宝娇嫩的皮肤，一定要选用专为宝宝设计的洗衣液清洗。这些洗衣液去污力强，易漂洗，而且对皮肤无刺激、无副作用。在没有专用洗衣液时，也一定要选用中性且不含荧光剂的洗衣粉或碱性较小的洗衣皂、香皂。

开水烫泡晒干

先将尿布上的大便用清水洗刷掉，再将洗衣液搓在上面，静置30分钟，或用尿布专用洗涤剂，浸泡20～30分钟，然后搓洗，再用开水烫泡，水冷却后再稍加搓洗，最后用清水洗净晒干即可。

> ⊙ 贴心提示
>
> 洗干净的尿布要妥善收纳，放在固定的地方，避免污染，以备随时使用。

第**22**天

洗澡：多久洗一次

给宝宝洗澡的间隔时间应根据气候来定。

夏天，因为环境温度较高，妈妈可以一天给宝宝洗两次澡。春、秋或寒冷的冬天，由于环境温度较低，如家庭有条件使室温保持在 24 ~ 26 摄氏度，也可每天洗一次澡，但是如果不能保证室温，最好每周洗 1 ~ 2 次澡。

肌肤护理：清洁、涂润肤露

新生宝宝的皮肤是预防感染的一道保护屏障，但是，新生儿的皮肤非常娇嫩，而且代谢快，易受汗水、大小便、奶汁和空气中灰尘的刺激，使皮肤受损，尤其是皮肤的皱褶处，如颈部、腋窝、腹股沟、臀部等处更容易受损，甚至发生感染，成为病菌进入体内的门户。因此，护理好宝宝的肌肤十分重要。

保持干净

要经常给新生儿洗澡，保持皮肤干净，减少感染的机会。宝宝皮脂腺的分泌功能较强，皮脂易溢出，特别是头顶部（前囟门处）、眉毛、鼻梁、外耳道以及耳后根部等处，如不经常清洗，就会与空气中的灰尘、皮肤上的碎屑形成厚厚的一层痂皮。妈妈在给宝宝清洗时应当先用植物油涂抹在痂皮上面，浸泡变软后，再用水清洗干净。切不可用手将痂皮撕下来，以免损伤皮肤。

避免损伤

新生宝宝皮肤娇嫩，皮肤角质层较薄，皮肤缺乏弹性，防御外力的能力较差，受到轻微的外力就会发生损伤，皮肤损伤后又容易感染。因此，新生儿的衣着、鞋袜等要得当，指甲过长应用婴儿专用指甲刀剪掉，避免一切有可能损伤皮肤的因素。浴后涂上婴儿润肤露，减少表面摩擦。

第23天

判断：宝宝为什么哭

哭对宝宝来说，最正常不过了，哭声是宝宝的"语言"，表达着自己的需求，妈妈要学会听懂宝宝的各种哭声。

🍼 肚子饿了

当宝宝饥饿时，哭声很洪亮，哭时头来回活动，嘴不停地寻找，并做着吮吸的动作。只要一喂奶，哭声马上就停止。而且宝宝吃饱后会安静入睡，或满足地四处张望。

🍼 便便了

有时宝宝睡得好好的，突然大哭起来，好像很委屈，就可能是宝宝大便或者小便把尿布弄脏了，这时候换块干的尿布，宝宝就安静了。

🍼 不安

宝宝哭得很紧张，妈妈不理他，他的哭声会越来越大，这可能是宝宝做梦了，或者是宝宝对一种睡姿感到厌烦了。妈妈拍拍宝宝，或者给宝宝换个体位，他又接着睡了。

🍼 生病

宝宝不停地哭闹，用什么办法也没用。有时哭声尖而直，伴发热、面色发青、呕吐，或是哭声微弱、精神萎靡、不吃奶，这就表明宝宝生病了，要尽快请医生诊治。

昼夜更替：房间要有自然光线

新生儿出生后会延续在子宫里的作息习惯，对白天和黑夜的感觉没有太大差异，想什么时候睡就什么睡，想什么时候吃就什么时候吃，甚至有的宝宝在出生后几天出现昼夜颠倒的情况，夜里不睡白天睡。这样对宝宝和妈妈都不太好，所以要尽快纠正，让宝宝适应昼夜的更替。

🍼 光照调节

让宝宝适应昼夜更替，关键在于环境的光照调节。宝宝睡着的时候即使是白天也可以把房间弄得暗一些，醒着的时候即使是夜里也要把房间的灯关掉，营造出适合睡觉的环境，这样宝宝就会逐渐明白光线暗的时候要睡觉，光线亮的时候要活动，逐渐形成与大人一致的作息规律。

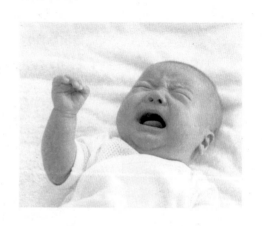

黑白图片：宝宝很喜欢

黑白格子图对新生宝宝最有刺激性，一般宝宝最喜欢的是模拟妈妈脸的黑白挂图，也喜欢看条纹、波纹、棋盘等图形。挂图可放在床栏杆左右侧距宝宝眼睛 20 厘米处，每隔 3 ~ 4 天应换一幅图。

妈妈可观察宝宝注视新画的时间，一般宝宝对新奇的东西注视的时间比较长，对熟悉的图画注视的时间比较短。

玩乳头：怎样巧妙地让宝宝松口

一般宝宝吃饱了会主动松开乳头，但有时宝宝还会咬住乳头，妈妈结束哺乳要从宝宝嘴里抽出乳头时，注意不要硬拉，硬拉会拉伤乳头。

巧妙拉出乳头

当宝宝吸饱乳汁后，妈妈可用手指轻轻压一下宝宝的下巴或下嘴唇，这样做会使宝宝松开乳头；也可将示指伸进宝宝的嘴角，慢慢地让他把嘴松开，这样再抽出乳头就比较容易了；还可将宝宝的头轻轻地扣向乳房，堵住他的鼻子，宝宝就会本能地松开嘴。

新生儿乳痂：不可强行清除

乳痂是一种好发于 0 ~ 4 个月宝宝的皮肤病，在宝宝中非常普遍，会存在一段时间。乳痂摸起来有些油腻，会导致脱皮，但大部分会自然痊愈，属于暂时性的现象。

护理方式

症状轻微时不一定要处理，只要用棉球蘸上宝宝油或煮沸后放凉了的食用油，涂在有痂块的部位数小时，之后再用棉签轻轻剥落，并用肥皂水等清洁干净即可，但不可强行清除，否则很可能因抓破头皮导致感染。痂较厚时，就需要看医生了。

判断：母乳是否足够

母乳是否不足，最好根据宝宝体重增长情况分析。如果宝宝一周体重增长低于200克，可能是母乳量不足了。

混合喂养：母乳不够时最优选

母乳量不足，或妈妈有工作实在无法哺乳，需要吃配方奶补充时，叫作混合喂养。

两种方式

1. 每次哺乳时，先喂 5 ~ 10 分钟母乳，然后再用配方奶来补充不足部分。

2. 根据乳汁的分泌情况，每天用母乳喂 3 ~ 4 次，其余 3 ~ 4 次用配方奶来喂。

如果想长期用母乳来喂养，混合喂养时最好采取第一种方法。因为每天用母乳喂，不足部分用人工营养品补充的方法可相对保证母乳的长期分泌。如果妈妈因为母乳不足，就减少喂母乳的次数，会使母乳量越来越少。

具体方法

母乳量不足了，可添加一次配方奶，一般在下午四五点钟吃一次配方奶，加多少，可根据宝宝的需要。妈妈可以先准备 100 毫升配方奶，如果宝宝一次喝光，好像还不饱，下次就冲 120 毫升；如果宝宝不再半夜哭闹了，体重每天增长 30 克以上，或一周增加 200 克以上，就表明配方奶的添加量合适。

如果宝宝仍然饿得哭，夜里醒来的次数增加，体重增长不理想，可以一天加 2 ~ 3 次配方奶，但不要过量，过量添加配方奶会影响母乳摄入，也会使宝宝消化不良。

第 **26** 天

学习抬头：新生儿三种抬头方式

抬头，是宝宝出生后需要学习的第一个大动作。学会抬头，可以使宝宝扩大视野，促进智力发展。

竖直抬头

给宝宝喂好奶后，扶其头部，靠在妈妈肩上，轻拍几下，让其打个嗝以防吐奶。然后不要扶住宝宝头部，让其自然竖直片刻，每天 5 ~ 6 次。

伏腹抬头

宝宝空腹时，妈妈将他抱在胸腹前（与自己面对面），然后慢慢地斜躺或平躺在床上，此时宝宝便自然而然地俯卧在妈妈的腹部。扶宝宝头部至正中，两手放在头两侧，逗引其短时间抬头，反复几次。

伏床抬头

宝宝空腹时，俯卧在床上，两手放在头两侧，扶其头转向中线，呼唤宝宝的乳名或用拨浪鼓等玩具逗引其抬头片刻，反复几次。

> ☺ 贴心提示
>
> 每做一次练习后，妈妈要用手轻轻抚摸宝宝背部，使他放松背部肌肉，让宝宝感到舒适、愉快。

不要放弃：加了配方奶也可以追回母乳

树立信心

信心对于坚持母乳喂养是非常重要的，妈妈和准妈妈们完全没必要担心自己的奶水不充足，要相信，只要当妈妈，就一定有奶水。

多吃催奶食物

催奶汤水当然是必不可少的了，只要妈妈注意多喝催奶汤水，摄入足够的水分和营养，身体会根据宝宝的吃奶量做出反应，分泌出更多乳汁。

多吸吮

妈妈的乳房是为宝宝"量身定做"的，宝宝吸的次数多了，奶水的分泌量适应宝宝的吃奶量而增长；吸吮的频率少了，或者一次吸吮的时间短了，奶水的分泌量也随之减少。

抚触：新生儿最喜欢的运动

抚触可以促进身体发育，减少焦虑，安抚情绪，对新生儿的身体健康和精神健康都有好处，可以规律进行。

选对时间

抚触的时间有讲究，最好在睡前或者洗澡后，或两次吃奶之间。宝宝过饱、过饿或者比较烦躁时不适宜做抚触。

做好准备

给宝宝做抚触，室温不能太低，最少要保持在 28 摄氏度，如果是全裸室温还要更高些。做抚触前，可以播放一些轻柔的音乐，让宝宝安静下来再开始。

抚触方法

先把宝宝放在方便操作的平面上，双手涂上润肤油，然后按照先头部后躯干、先上肢后下肢、先前胸后后背的顺序，依次做抚触。注意抚触力度不要太大，只要让手掌、手指轻轻滑过宝宝皮肤即可。头部和躯干部位，可以从中间向两侧滑动，四肢则要边挤压边向远端滑动。每个动作重复 2 ~ 3 次，做完后宝宝皮肤微微发红即可。

一次抚触的时间也不要太长，先从 5 分钟开始，然后逐渐延长为 15 ~ 20 分钟。

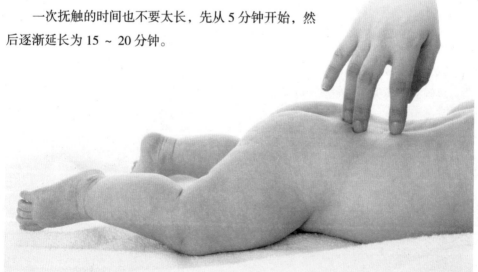

喂鱼肝油：适当补充维生素 D

新生儿外出晒太阳的机会不多，若是天气寒冷，即使已经满月也不宜经常外出，所以容易缺乏维生素 D 从而导致缺钙，需要适当补充维生素 D。人工喂养的宝宝出生第 2 周就应该补充维生素 D，母乳喂养的宝宝可以在 3 个月时补充维生素 D。

使用维生素 D 制剂或鱼肝油

补充维生素 D 可以使用维生素 D 制剂，也可以使用鱼肝油，最好听从医嘱。如果用鱼肝油，最好是浓缩型鱼肝油，尤其以维生素 A 和维生素 D 的比例为 2∶1 的剂型最合适，也就是当补充了 400 国际单位的维生素 D 时，维生素 A 摄入量为 800 国际单位，摄入量比较适合，不会超量。而 3∶1 配方、10∶1 配方则不宜给宝宝食用。浓缩型的鱼肝油一般是每周补充 2 次，每次用滴管喂食 1 ~ 2 滴。

前奶与后奶：营养重点不同

哺乳时，开始分泌出来的乳汁和后面分泌出来的乳汁分别叫作前奶和后奶，其营养构成是不同的。

营养不一样

前奶稀薄、清淡，含有丰富的水分和蛋白质；后奶质浓稠，颜色较白，富含脂肪和乳糖。因此，前奶和后奶都吃到，才能保证营养均衡，而后奶更是宝宝热能的保证，只有吃足了后奶，宝宝才不那么容易饿，睡眠时间才能更长。

前奶、后奶都吃到

一般情况下，尽量让宝宝前奶、后奶都吃到。哺乳时，不要频繁更换乳房，那样可能让宝宝吃了较大量的前奶，后奶还没有吃足就吃饱了，最好是让宝宝把一侧乳房吸空后再吸另一侧。

选择性地喂奶

如果奶水较足，而宝宝胃口较小，妈妈可以选择性地喂奶。体重超标的宝宝可以多喂些前奶，少喂些后奶，而体重不足的宝宝则可以多吃后奶，少吃前奶。

第**29**天

多说话：增进亲子交流

虽然现在宝宝不会说话，不了解语言，但是，妈妈所说的话也会不断灌输到宝宝的头脑里，虽然表面上看不出来，但其刺激会对宝宝的脑细胞产生惊人的影响。

多和宝宝说话

妈妈每次给宝宝喂奶、换尿布、洗澡时，都要利用这些时机与宝宝谈话。如"宝宝吃奶了""宝宝乖，马上就洗得干干净净了"等，以此传递妈妈的声音，增进母婴间的交流。

在宝宝睡醒后，妈妈可以用和蔼亲切的声音对他讲话，进行听觉训练。

妈妈面对面的呼唤、唱的儿歌、亲切的话语，都会给宝宝丰富的声音刺激。这样宝宝能渐渐熟悉妈妈的声音，并注意到妈妈嘴的动作和声音的联系，也会学习嘴的动作。

爸爸也要参与

在与宝宝的交流中，千万不要忽视爸爸的作用。爸爸和宝宝的交流风格常常不同于妈妈，妈妈可能更多地使用语言、温柔地抚触和宝宝进行交流，爸爸则更爱在玩耍中与宝宝交流。爸爸的拥抱能使宝宝感受到爸爸有力的臂膀是他安全的港湾；爸爸用带有胡茬的脸轻轻地亲亲宝宝，会让他感受到不一样的皮肤触觉，惊人的感情共鸣会渗透在爸爸与宝宝之间。

第**30**天

儿童保健：一岁前每个月一次

　　一岁以前，妈妈应该每月带宝宝到当地医院的儿童保健科做身体检查。给宝宝做定期的健康体检，可以了解宝宝的体格发育情况，也能及时发现宝宝的身体异常情况，还能从医生那里得到一些科学的育儿知识的指导，了解一些日常生活中应该注意的事情。

🍼 准备工作

　　为了使医生更准确地了解宝宝的生长情况，妈妈应该做一些必要的准备工作。

　　1. 日常生活中，妈妈最好能记录宝宝的喂养和添加辅食的情况，如每天的吃奶次数和每次的奶量，添加维生素 D 和钙的时间，添加辅食的品种、量及时间等。

　　2. 记录宝宝体格发展情况，如宝宝会笑出声的时候、抬头的时间、发出单字的时间、伸手抓玩具的时间等。

　　3. 如果发现宝宝有异常的情况，要记录发生的时间、部位、变化等，写出需要咨询的问题，以便体检时医生做出准确的判断。

　　4. 带宝宝体检时，要带上新生儿体检记录、宝宝历次体检记录、疫苗接种记录、疾病就诊记录等。

🍼 儿童保健项目

　　宝宝做儿童保健时，应检查的项目有：测头围、胸围、身高，称体重，对宝宝进行视觉、听觉、触觉等测试。还要进行一些必要的检查项目，如医生会摸摸宝宝的脖子，看有无斜颈、淋巴结肿大的状况；听听宝宝的心跳速度及规律性是否在正常范围内，以及有无杂音；检查宝宝有无疝气、淋巴结肿胀；男宝宝检查阴囊有无水肿（睾丸下降到阴囊），女宝宝检查大阴唇有无鼓起或有无分泌物；检查有无关节脱位的状况等。

第 **2** 个月
圆润起来

第**31**天

宝宝的生理、感觉、心理发育

🍼 生理发育

	男宝宝	女宝宝
体重	6.05±1.45（千克）	5.50±1.35（千克）
身长	60.10±4.80（厘米）	58.80±4.60（厘米）
头围	39.60±2.60（厘米）	38.60±2.40（厘米）
胸围	39.80±3.60（厘米）	38.70±3.60（厘米）

🍼 感觉发育

· 这时的宝宝对过冷、过热都比较敏感，以哭闹向大人表示自己的不满。

· 已能辨别声音的方向，对妈妈说话的声音很熟悉了，如果听到陌生的声音会吃惊，声音很大会感到害怕而哭起来。

· 能看见活动的物体和大人的脸，会眨眼。

· 俯卧位下巴离开床的角度可达45度，但不能持久；双脚的力量在加大，只要没有睡觉、吃奶，手和脚就会不停地动。

· 可以做出许多不同的动作，面部表情逐渐丰富，睡眠中有时会做出哭相，有时又会出现无意识的笑。

· 能认出以前见过的东西，露出动人的微笑，能与别人的眼神进行交流，高兴时会开心地"咯咯"笑，不高兴时会哭闹不止。

🍼 心理发育

· 喜欢看妈妈慈爱的笑容，喜欢躺在妈妈的怀抱中，听妈妈的心跳声或说话声。

· 最喜欢的是妈妈温柔的声音和笑脸，当妈妈轻轻呼唤宝宝的名字时，他就会转过脸来看妈妈。

· 把宝宝抱在怀中，抚摸着他并轻声呼唤着逗引他时，他就会很理解似地对你微笑。

第32天

母爱：再也没有比这更重要的精神营养

母爱是无与伦比的营养素，这不仅是因为宝宝从妈妈子宫内来到这个大千世界感觉到了许多东西，更重要的是宝宝在心理上已经懂得母爱，并能用哭声与微笑来传递内心感受。对于刚出生的宝宝来说，除了吃奶的需要，再也没有比母爱更珍贵、更重要的精神营养了。

宝宝喜欢看妈妈慈爱的笑容，喜欢躺在妈妈的怀抱中，听妈妈的心跳声或说话声。所以在育儿开始就提倡母婴肌肤早接触、多接触，早喂奶，多吸吮，多抚摸，多交谈，多微笑，尊重宝宝的个性发展，让宝宝充分享受母爱。这对宝宝的心理健康发展，以及形成健康的人格起着重要作用。

婴儿最好的食物：母乳

母乳仍然是这个月的宝宝最好的食物，凡是宝宝本月所需要的养分，母乳中几乎全部具备，而且各种营养的量很充分、比例也适当，能保证婴儿良好的生长发育。

事实上，母乳含有4个月内婴儿生长发育所需要的所有营养物质，因此在4～6个月时，母乳也仍将是婴儿的良好的食物来源，若母乳充足的话，不必以其他乳制品来代替母乳。

6个月后，宝宝自身的消化、吸收功能逐渐发育，营养需求也在增加，单纯的母乳喂养可能满足不了宝宝生长发育的需要，这时候才需要逐渐为宝宝添加辅食，以保证健康。

第33天

乳腺炎：乳汁不能积存

为什么会患乳腺炎

乳腺炎是大多数妈妈产后头两三个月容易遭遇的问题，主要原因有两个：一是产后下奶前乳腺管不通，下奶后乳汁淤积在乳腺管导致乳腺炎，多见于产后头几天；二是哺乳期间，乳汁没有及时喂给宝宝，又没有及时挤出，淤积在乳房内导致乳腺炎，这种情况在宝宝吃奶逐渐规律后就不常见了。

避免乳汁淤积

患有乳腺炎的妈妈必须将乳房排空，避免乳汁淤积在乳房内。若妈妈无法自行处理，可以找医生或家人帮忙将乳汁挤出。同时，妈妈要注意卧床休息，多饮水，加强营养。

可以继续哺乳

由于乳腺炎只感染乳房组织，与乳汁无关，因此不会传染给宝宝，得了乳腺炎其实是可以继续喂奶的。

轻度乳腺炎时，若只有局部红肿，可在喂奶前先热敷红肿部位，将硬块揉散，然后再哺乳。若是乳头感染、破皮，哺乳前先以清水清洁乳头，如果需要上药，在哺乳结束后再使用。

如果情况比较严重，哺乳让妈妈感到极度不舒服，同时妈妈也对宝宝吃进药物有顾虑，可以暂停喂母乳，安心治疗，大概一周就会好。当然，如果只有一侧患乳腺炎，另一侧健康的乳房还是要照常给宝宝哺乳。

第**34**天

人工喂养：让宝宝吃饱即可

这个月，吃配方奶的宝宝还应按照奶粉包装上的说明进行冲调，并注意选择适合宝宝月龄的奶粉。此时宝宝的吃奶量会有所增加，每次可喂 60 ~ 120 毫升，一天喂 6 ~ 8 次。

宝宝之间存在天然的个体差异，父母给宝宝喂奶时应多观察宝宝的反应，不要强迫宝宝吃够书本上推荐的量。如果父母把奶嘴放到宝宝嘴里时宝宝会大口大口地吸吮，说明宝宝还饿，需要继续喂；如果宝宝把奶嘴吐出来了，说明他已经吃饱，就不要再强迫宝宝吃了。

睡觉：可以给宝宝一张单独的小床

很多妈妈喜欢让宝宝跟自己一起睡，其实这样并不好。宝宝的动静会影响妈妈，妈妈的动静也会影响宝宝，导致母婴睡眠质量都不高。另外，宝宝抵抗力弱，父母的头屑，衣物上的螨虫、病菌很容易感染宝宝导致生病。

宝宝太小，也不适合单独睡在一个房间，那样不方便妈妈照顾，而且，宝宝醒来后看不到妈妈也会感到委屈。最好的方法是给宝宝准备一张小床，放在妈妈的房间，靠近妈妈的床。这样既方便照顾，又不会影响母婴的睡眠质量，一定程度上还可以培养宝宝的独立性。

腹泻：改变喂养方法

宝宝腹泻时，对脂肪的不耐受性明显增高，所以喂养时需适当减少脂肪的摄入量。

减少后奶的摄入量

母乳喂养的宝宝，可以适当减少后奶的摄入量。平时一侧乳房喂 10 分钟后换另一侧，宝宝腹泻这段时间可以改为喂 5 ~ 7 分钟换另一侧。另外，还要适当减少喂奶量，不仅要缩短每次喂奶的时间，还要延长喂奶间隔，这样可以减轻宝宝的消化负担。

这样坚持 1 ~ 2 天，腹泻一般可以减轻，但是如果腹泻没有减轻，也要恢复正常喂奶，否则宝宝容易营养不良。

妈妈少吃含脂肪的食物

哺乳的妈妈在这段时间要少吃含脂肪的食物，减少乳汁里的脂肪含量。

将配方奶调稀一点

如果是配方奶喂养，可以将配方奶调稀一点，按照 1 份奶粉 2 份水的比例喂 1 ~ 2 天，然后恢复正常喂奶。

母乳喂养宝宝大便次数多：不是腹泻

大多数母乳喂养宝宝每天排便次数偏多且偏稀，但也有少数宝宝排便间隔长于一天，甚至几天排便一次。

如果宝宝除大便次数增多外，没有其他症状，食欲好，不呕吐，生长发育不受影响，就不是由于疾病引起的。

小婴儿的腹泻多半是生理性腹泻，无需药物治疗，添加辅食后大便就会逐渐转为正常，妈妈不必太过担心。

知冷知热：摸摸颈背部

宝宝冷还是热是妈妈很关心的一个问题，但因为没有判断依据，很容易犯错。有个方法可以帮助妈妈，即用手摸宝宝的颈背部，如果这里温暖、干燥，说明宝宝冷热度适合，衣服、被褥刚刚好；如果这里汗多，说明宝宝有些热；如果发凉，则说明宝宝有些冷。

有人认为该摸宝宝的手脚来判断，实际上，宝宝的手脚属于肢体末端，此处温度不能代表体温的真正情况，应以颈背部的温度为准。

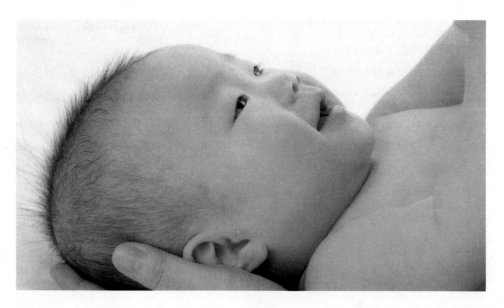

第37天

睡姿：侧卧、仰卧轮换

由于宝宝的头骨处在发育时期，长期不正确的睡眠姿势可造成头形的改变。异常的头形不仅影响仪表，还会影响大脑的发育，所以要给宝宝不断更换左右侧卧和仰卧位置。

让宝宝体验多种睡姿，既有利于保持宝宝脸形和头形的好看，又可以锻炼宝宝的活动能力，如侧卧可以帮助宝宝练习翻身，俯卧可以锻炼宝宝的颈部肌肉、练习抬头，为以后学习匍行和爬行打下基础。

更换卧位的方法

更换卧位可采用多种方法，如每日定时更换，或每周、每10天交替更换。不定期更换床位，或经常变换一下容易引起宝宝注意的光源或物体，比如灯光、色彩鲜艳或带声响的大玩具，这对预防斜视也很重要。

宝宝的潜能是很惊人的，让他多几种睡姿的体验，他会很快适应，并做出相应的调整。

正常作息：养成良好习惯

一件事按照一定的要求持之以恒地做下去，久而久之就形成了习惯，所以培养宝宝的作息习惯难在坚持。

让宝宝养成良好的作息习惯，父母最好以身作则，在固定的时间睡觉、起床。如果不能早睡，也要在宝宝的入睡时间停止所有活动，给宝宝营造出睡觉的氛围，不要一面要求宝宝去睡，一面自己玩得不亦乐乎；宝宝醒来后，父母也不能再赖床。另外，不要随便改变作息时间，高兴就晚睡，不高兴就逼宝宝早睡等，这样宝宝很难形成规律的作息习惯。

第**38**天

预防维生素K缺乏：妈妈多吃点蔬菜、奶制品

刚出生的小宝宝，肠道内还是一片洁净的世界，还没有帮助合成维生素K的细菌来"安家落户"；再加上婴儿通常只吃母乳，乳汁虽然营养充分、全面，唯独维生素K含量偏低，仅为牛奶的1/4。因此，出生后0～3个月宝宝最容易出现维生素K摄入不足的问题。

当宝宝缺乏维生素K时，会出现胃肠黏膜出血，黑便伴呕吐，脐带、皮下及口鼻黏膜也可出血，以缓慢持续渗血为特点。

哺乳的妈妈应多吃些维生素K含量丰富的食物，如酸奶酪、蛋黄、大豆油、海藻类、绿叶蔬菜、猪肝、西蓝花、花椰菜、甘蓝、青稞等，可以帮助宝宝补充维生素K。

⊙ 贴心提示

正规厂家生产的合格配方奶中通常添加了足量的维生素K，因此，使用配方奶喂养的宝宝不再需要额外添加维生素K。

洗护：不频繁使用洗护用品

新生儿的皮肤极其娇嫩，频繁使用洗护用品很容易刺激皮肤，引起过敏，所以最好不要频繁使用。

一般来讲，洗脸只用清水即可。沐浴液可以购买洗头、洗澡功效二合一的产品。洗澡一周用一次沐浴液即可。如果头上有奶痂，每周可以用沐浴液洗两次头；如果没有奶痂，同洗澡一样，每周用一次沐浴液即可。

洗完后，不要给新生儿使用润肤乳，更不要用奶水擦脸，或者顺手涂抹大人的护肤品，宝宝皮肤不吸收，残留在身体上，反而容易滋生细菌，造成感染。

洗澡：这5种情况下不要立刻洗

刚喂奶

洗澡通常应在喂奶后 1～2 小时进行。喂奶后马上洗澡，会使较多的血液流向被热水刺激后扩张的表皮血管，而腹腔血液供应相对减少，这样会影响宝宝的消化功能。由于喂奶后宝宝的胃呈扩张状态，马上洗澡也容易引起呕吐。

频繁呕吐

洗澡时难免搬动宝宝，这样会使呕吐加剧，不注意时还会造成呕吐物误吸。

发热或热退48小时内

发热后宝宝的抵抗力极差，马上洗澡很容易遭受风寒引起再次发热，甚至有的宝宝还会发生惊厥，最好在热退48小时后再给宝宝洗澡。

打预防针后

宝宝打过预防针后，皮肤上会暂时留有肉眼难见的针孔，这时洗澡容易使针孔受到污染。

有皮肤外伤

宝宝有皮肤损害，如脓疱疮、疖肿、烫伤、外伤等，这时不宜洗澡。因为皮肤受损会有创面，洗澡会使创面被污染。

五官清洁：动作要轻柔

🍼 眼部清洁

宝宝的眼睛很容易被感染，每次洗澡或洗脸都要先洗眼睛。另外，宝宝出生 2 ~ 3 天，就会开始分泌眼屎，可以用干净的毛巾包住手指，蘸温水将眼屎向远离眼睛的方向带。

🍼 口腔清洁

宝宝口腔皮肤柔嫩，黏膜较薄，做清洁时，用力不能太大，以免造成伤害。

在没有添加辅食之前，宝宝的口腔不需要特别清洁，只要在喝完奶后，喂一点水，冲刷一下残留的乳汁即可。

添加辅食之后可以在宝宝晚上睡前，将一块干净的纱布裹在手指上，蘸少许温水，由口腔深处向外擦拭。

出牙之后，可以给宝宝准备一套专用的刷牙用具，牙刷用软毛刷，牙膏用不含氟的儿童专用产品。每天早晚各刷 1 次。刷牙时，可以让宝宝背向妈妈躺在怀里，妈妈用一只手按住宝宝下唇，露出牙齿，一手持牙刷顺着牙缝清洁即可。

🍼 鼻部清洁

宝宝的鼻腔黏膜很脆弱，清理鼻腔时切忌粗鲁，可以用一张纸巾，对折两三下，伸到鼻腔里，顺一个方向边捻边将鼻屎带出来。如果鼻屎干燥，需要先在鼻腔里滴一滴生理盐水或香油，让鼻屎软化，然后再用纸巾或棉签带出来。

🍼 耳朵清洁

如果耳朵里分泌物较多，尽量找医生用专用工具取出来，不要自己随便掏。妈妈给宝宝做清理，只可以清理外耳道。

玩具：注意材质、结构安全

玩具是与宝宝长时间亲密接触的物品，而且现阶段的宝宝，什么玩具都喜欢放到嘴里啃，所以，安全是妈妈给宝宝选择玩具的第一要素。

玩具的材质要安全，最好是天然材质，有 SP 安全标识。另外，结构也要安全，避免有容易脱落的小配件和锐利棱角。最后，玩具要造型圆润、少凹凸，好清理，能有效避免藏污纳垢。

认识爸爸妈妈的脸：吸引宝宝的注意力

宝宝经历了一个月的成长，视觉和听觉都有一定提高，对爸爸妈妈的声音和气味都非常熟悉了。爸爸妈妈越早教宝宝学习辨别人脸，对促进宝宝大脑发育就越好。

多和宝宝对视

每天面带微笑地看着宝宝的脸，让宝宝注视着爸爸妈妈的脸，然后，爸爸妈妈在宝宝眼前慢慢移动自己的脸，训练宝宝的追视能力。

在教宝宝记住爸爸妈妈的脸时，最初可能宝宝没有什么反应，爸爸妈妈可以说话，引起宝宝的注意。另外，爸爸妈妈尽量不要频繁地换发型，换各种颜色的衣服，否则宝宝就会突然不认识爸爸妈妈了。

看照片

可以在宝宝床头两边挂上妈妈和爸爸的照片，每周轮换一次，可以帮助宝宝记住爸爸妈妈的脸，训练宝宝的视觉。

多和宝宝说话

每天宝宝醒来、换尿布、入睡时，应与宝宝多聊聊天，让宝宝多熟悉爸爸妈妈的声音，训练宝宝的听觉能力。宝宝听到爸爸妈妈的声音就会寻找，而且对学说话也有一定好处。

爸爸妈妈每天要重复和宝宝聊天，强化宝宝的记忆力。例如，换尿布时说："给宝宝换尿布了，不哭，真乖。"或者可以给宝宝唱一些儿歌。

母婴检查：42天后回医院复诊

妈妈和宝宝离开医院回到家里，按照中国传统的习惯"坐月子"，月子结束了，妈妈产后身体恢复如何以及宝宝生长发育情况怎么样呢？今天妈妈可以带宝宝去医院做一次母婴检查，这样妈妈就放心了。

妈妈产后检查项目

1. 血液十八项检查，尿检查，白带检查。

2. 顺产的妈妈检查子宫恢复情况，做了侧切的妈妈看刀口恢复情况。

3. 剖宫产的妈妈看伤口恢复情况，检查腹腔及盆腔器官复位情况。

4. 根据医生的评估看是否要做B超或宫颈刮片分析。

宝宝的检查项目

1. 测身高、称体重、量头围。

2. 检查宝宝囟门闭合情况，眼睛和耳朵是否异常，听听宝宝的心跳以及宝宝的心脏是否有杂音等。

3. 男婴看睾丸是否降入阴囊，若没有降入医生会告诉家长日后如何处理。

4. 询问宝宝的吃奶量、睡眠情况以及身体的运动情况，若宝宝有夜闹现象，还要看宝宝是否缺钙。

5. 检查宝宝的一些反射情况，还可以给宝宝做一次抚触按摩或婴儿操。

6. 检查宝宝眼睛是否能注视玩具，是否能随着玩具移动。

7. 若宝宝的皮肤还比较黄，可以测一下宝宝的胆红素。

8. 新生儿期听力筛查没有通过的宝宝，要检查是否还有听力障碍。

微笑：宝宝健康发展的极好象征

微笑是宝宝在健康发展的极好象征。

宝宝出生后就会笑，这是生理性的微笑，是与生俱来的。以后，慢慢地，他学会了对人脸和玩具微笑，这时产生了社会的需要，转变为社会性微笑。他喜欢有人逗引：有人接近他，他就笑；离开他，他就哭；和他讲话，他会"咯咯"地发音回应。

穿衣：不要给宝宝穿太厚

宝宝如果总是穿得太多，身体的温度调节功能就会下降，就更容易患感冒。因此，宁肯给宝宝少穿，也不要给他多穿。

父母不必担心宝宝的手凉，因为新生儿体温调节机制和末梢循环尚不完善，手凉是正常的。

喝牛奶过敏：改喂代乳品

有的宝宝喝牛奶后会出现慢性腹泻，大便软、半成形，常伴有黏液和隐匿性出血，少数可能有水泻、反复呕吐和腹痛等症状。宝宝的头面部皮肤还会出现红斑、丘疹和含有半透明液体的小疱疹，自感瘙痒。

一旦发现宝宝对牛奶过敏，就应立即停止牛奶或牛奶制品的喂养，改用代乳品。大部分宝宝在停用牛奶 24 ~ 48 小时症状就明显缓解，在 2 岁后多数宝宝对牛奶过敏的现象会自行消失。

第**44**天

睫毛：不要剪

有的父母为了使宝宝睫毛长得长而密，在宝宝生后不久就将其睫毛剪掉，希望再长出的睫毛更粗、更长。其实，睫毛的长短、粗细、漂亮与否，主要与遗传和营养状况有关，用剪睫毛的方法是没有什么作用的。

睫毛可以保护眼睛

人的睫毛不是为美丽而生的，有其特殊的作用。上下睑睫毛在眼睛前方形成一个保护屏障，起到遮挡灰尘和过强光线的作用，对眼睛的保护有重要的意义。

剪睫毛有害无益

剪掉睫毛后，刚长出的粗、短、硬的新睫毛，容易刺激眼结膜和角膜，引发怕光、流泪、眼睑痉挛等异常症状，严重者会继发眼部感染。另外，在剪睫毛的过程中，如果宝宝眨眼睛，或者头部摆动，都可能造成外伤，这些都会给宝宝造成不应有的痛苦。

眼屎多：可能是宝宝的小手惹的祸

宝宝每天两只小手都在不停地探索，抓来挠去。如果宝宝两只小手的指甲没有经常剪，藏污纳垢，再用手揉眼睛，就容易使眼睛被细菌感染，出现眼屎多、发痒、发红、结膜充血等症状。这时妈妈应该带宝宝去眼科检查，看是否得了结膜炎。

有的宝宝睫毛会向里面弯，摩擦到眼球，导致产生的眼屎多一些。妈妈可以每天用棉布蘸点温水，从眼角内侧向外侧擦干净即可。宝宝1岁左右，眼睫毛向外弯时就自然好了。

私处护理：男孩女孩都要注意

新生儿的生殖器尚未发育完全，抵抗能力较弱，并且由于位置特殊，容易被尿液、粪便污染，必须细心呵护，严防感染。

男孩的私处护理

1. 每天用温水轻轻擦洗阴茎根部和尿道口。

2. 给宝宝换尿布时应把阴茎向下压，使之伏贴在阴囊上。

3. 大小便后将宝宝臀部清洗干净，并翻开包皮，将其中的积垢清理干净。

女孩的私处护理

女孩阴道内菌群复杂，但能互相制约形成平衡，在护理的时候尽量不要去打乱这种平衡，所以清洁时单用温水即可，千万不要添加别的东西。清洗的时候，同样要先洗净自己的手，然后用柔软的毛巾从上向下、从前向后擦洗女孩的私处。先清洗阴部后清洗肛门，以免肛门污物污染阴道口及尿道口。

太安静：要警惕

宝宝的哭闹往往让父母操心不已；还有一些家长认为新生宝宝活动少、面部表情少、吃奶吮吸力不强、很少哭闹等不正常现象，是宝宝安静、听话的表现，却不知，宝宝太安静不一定是好事。

安静、动作少的新生宝宝，有的肌张力低下，下肢强直呈交叉状。这一类宝宝往往表情呆滞，反应不灵敏，而且随着月龄增大，智力发育落后逐渐明显。出现这种情况可能是因为宝宝患有先天性脑发育不良，需要去医院检查以明确诊断。

如果宝宝由原来的活泼好动突然变得安静了，很可能是急性病的表现。

牵手、放手：抓握训练

用宝宝能握住的玩具去触碰宝宝的小手时，宝宝会把手握得更紧。如果宝宝拿住了这个玩具，就会牢牢地抓住，当妈妈用力拉玩具时，会连宝宝的身体一起拉动。这就是这个阶段宝宝具有的抓握反射，到了3个月大的时候该反射将会消失。抓握训练可以锻炼宝宝手动作的精细度和手眼协调能力，促进中枢神经系统的发育。

抓握训练

1.将一些带有光滑细柄的玩具放在宝宝的双手中，让宝宝抓握。

2.用玩具轻轻触碰宝宝手的第一、第二指关节，当宝宝的手有伸展动作时，妈妈把手指放在宝宝的手心，让宝宝紧紧抓住，然后，妈妈再引导宝宝松开，如此反复做这个动作。

3.将玩具柄放入宝宝手中，使之握紧再慢慢抽出。

放手更难

宝宝本能地喜欢用小手去抓自己喜欢的东西，而且一旦抓住了就不容易撒手，因为对于宝宝来说，放手比抓握更难掌握。当宝宝能轻易地放开手里的东西时，他就又前进了一大步，证明宝宝控制放手的肌群已学会如何对付控制抓握的肌群，这两种相对立的肌群能一起工作了。

哭闹增加：会因为寂寞而哭

满月后的宝宝哭闹次数会比以前更多，哭声也响亮了很多。这时，宝宝的哭不仅意味着饿了、尿了、拉了等生理不适，还包含了一些情感意义。如果宝宝一个人躺着，就会因为寂寞而放声大哭，希望父母去抱他。

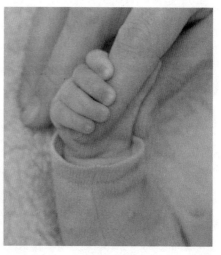

这时候，妈妈把宝宝抱起来，陪宝宝玩耍，消除他的寂寞，一般情况下，宝宝就会停止哭闹。

衣物洗涤：洗内衣要用专用洗衣液

宝宝皮肤细嫩，衣服洗不干净的话就会伤害宝宝的皮肤，尤其婴儿更要注意。

内衣直接接触宝宝娇嫩的皮肤，而洗衣粉、肥皂等都偏碱性，不适合用来洗涤宝宝的内衣，应该选用专为宝宝设计的洗衣液来清洗。宝宝专用洗衣液对宝宝身上经常出现的奶渍、汗渍、污渍有特效，去污力强，易漂洗，对皮肤无刺激，无副作用；而且一般还是无磷、无铝、无碱、不含荧光剂的环保产品。没有宝宝专用洗衣液的时候，也一定要选用中性的肥皂或者皂粉。

新买回来的衣服，都要先下水洗涤后，再给宝宝穿。因为经过洗涤后，一些化学物质的残留量会有所减少；同时，也可将棉絮、细小纤维，以及衣服在制作、搬运、出售等过程中因经过许多人的手而沾染的部分细菌和脏污去除，保证卫生，保护宝宝健康。

满月头：不宜剃

我国民间一直流传着满月剃胎发的风俗，认为这样会促使宝宝的头发长得又浓又密，但其实这并无科学依据。

🍼 剃头不会让头发乌黑浓密

露出皮肤表面的毛发都是已经角化了的、没有生命力的物质，剃去这一部分胎发不会影响头发本身的生长。因此，剃满月头不可能改变头发的数量。

宝宝头发长得粗细、浓密与否，主要与体内肾上腺皮质激素的水平和营养状况密切相关。随着月龄的增加和营养的加强，一般到 1 岁，宝宝的头发就会长得又多又黑。

🍼 容易引发感染

宝宝的头皮相当嫩，抵抗力低，用未经消毒的剃刀给宝宝剃满月头时，容易刮伤皮肤，引起细菌感染，导致发炎、化脓。

大多数宝宝的头皮上都有一层胎脂，对宝宝的头皮有保护作用，随着宝宝日渐长大，这层胎脂会自动地慢慢脱落。而剃满月头时会把这层胎脂刮掉，使宝宝的头皮失去保护，细菌乘虚而入，容易发生感染，导致宝宝头皮发痒和各种皮肤病。

攒奶：这是错误的想法

有的妈妈觉得：宝宝每次要吃奶的时候，我的乳房总是瘪瘪的，感觉没什么奶，要不要先省着这一顿，多攒点奶让宝宝下一顿吃个饱？其实，这是非常错误的想法。

🍼 奶水越吃越多

妈妈的大脑足够聪明，能够把宝宝频繁吸吮形成的刺激转化为下达产奶的指令，只要刺激的强度足够大，也就是吸吮的次数足够多，乳房不断被吸空，妈妈的奶水就会源源不断地被分泌出来。

🍼 攒奶会导致断奶

把奶水攒着，隔四五个小时才喂，短时间内看起来似乎是能够让宝宝一顿吃个饱，但是这样做会导致奶水越来越少，越少越攒，四五个小时攒起来的不够吃，就五六个小时，再不够，就攒七八个小时，如此恶性循环，时间长了就自然断奶了。

🍼 诱发乳腺炎

攒奶还会造成乳汁淤积，诱发乳腺炎。乳汁是细菌的良好培养基，当乳汁没有被及时排空时，通过各种途径乘虚而入的细菌会在乳房生长繁殖，使乳房疼痛、发热，甚至出现脓肿。

混合喂养：突然不吃奶，可能是"疲劳"

有些宝宝会突然不爱吃奶了（牛奶或配方奶），此种情况可能与宝宝的肝、肾功能发育不完善有关。因为度过新生儿期后，宝宝对奶中蛋白质的吸收会较以前增加，但肝、肾功能相对不足，长期超量工作，会导致肝、肾"疲劳"，需要适当的"休息"与"调整"。

这时，妈妈要仔细观察宝宝。如果宝宝只是不爱喝配方奶，但喝水、吃母乳正常，而且宝宝的精神状态很好，容易被逗笑，就不用太着急，不要强迫宝宝进食，这也是给宝宝一个自我调整的好机会。

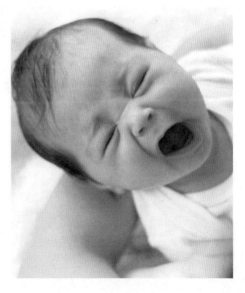

婴幼儿背带：使用须知

1.先检查塑钢扣环是否牢固，然后在腰部扣紧背带。

2.竖直抱起宝宝，让宝宝靠着妈妈的肩膀，妈妈的一只手放在宝宝的脑后。

3.向上拉起兜袋，让宝宝的腿穿过兜袋的洞（注意是撑开兜袋，让宝宝的腿自然穿过，而不是强行去拉宝宝的腿）。妈妈用一只手把肩带拉到肩膀上，另一只手一直承受着宝宝的重量。

不让爸爸抱：陪伴要增加

如果爸爸发现自己抱宝宝时，宝宝哭个不停，那就说明爸爸需要增加与宝宝在一起的时间了。

2～3个月的宝宝开始认生了，更喜欢和熟悉的妈妈待在一起。如果发现眼前的人不太熟悉，他就会紧张害怕，甚至哭泣。宝宝不让爸爸抱，多数是爸爸和宝宝待在一起的时间太少的缘故。

🍼 多陪伴

爸爸一有时间就应该跟妈妈一起多逗宝宝玩，并尝试着在妈妈的指导下去满足宝宝的需要，然后逐步地自己单独和宝宝在一起说话、玩耍，渐渐地消除宝宝对自己的恐惧。取得宝宝的信任后，宝宝就不会拒绝爸爸了。

🍼 多抚摸

爸爸还要经常抚摸宝宝，皮肤温和的刺激能最有效地把爱意传递给宝宝，宝宝会感到安全和幸福。不论工作多忙，下班后有多累，爸爸都应该一回到家就抱着宝宝，用手拍拍宝宝，轻轻地抚摸宝宝的小手小脚，抚摸宝宝的背部，最好每天能坚持抚摸宝宝半个小时。

吐奶：正确的处理方法

若宝宝平躺时发生吐奶，应迅速将宝宝的脸侧向一边，以免吐出物流入咽喉及气管；还可用手帕、毛巾卷在手指上伸入口腔内甚至咽喉处，将吐出的奶水快速清理出来，以保证呼吸道通畅。

如果发现宝宝憋气不呼吸或脸色变暗时，表示吐出物可能已经进入气管了，应马上让宝宝俯卧在妈妈膝上或硬床上，拍打宝宝的背部，使宝宝能将奶咳出。

随后，妈妈要密切注意宝宝的精神状态和身体状态。在呕吐得到缓解后，如果宝宝还有精神不振、只想睡觉、情绪不安、无法入睡、发热、肚子胀等现象，则可能是生病了，应该尽快将宝宝送往医院检查，让医生再做进一步处理或检查。

防吐奶：5个方法

第一次看到宝宝吐奶爸爸妈妈可能会很担心，不知所措，其实吐奶多因喂奶的时间间隔过短、喂的姿势不正确等引起，只要多加注意，并掌握一定技巧就可以防止宝宝吐奶。

🍼 注意喂奶时间

一般每隔3~4小时喂1次奶比较合适，不要频繁喂奶，以免宝宝因胃部饱胀而吐奶。

🍼 注意喂奶姿势

让宝宝的身体保持一定的倾斜度（约45度）可以减少吐奶的概率。

🍼 避免吸入太多空气

喂奶时尽量不要让宝宝吸入空气。母乳喂养时要让宝宝的嘴裹住乳头和部分乳晕，不要留有空隙，以防过多空气被吸入胃内；用奶瓶喂时，应让奶汁完全充满奶嘴，不要因怕奶汁流出来而只到奶嘴的一半，这样宝宝不容易吸进空气。

🍼 喂完拍一拍

喂完奶后不要急于放下宝宝，让宝宝趴在肩头，再用两手轻拍宝宝的背部，促宝宝打嗝，排出腹内的空气。

🍼 先侧卧再仰卧

放宝宝躺下时，应先让宝宝侧卧一段时间，无吐奶现象后再让宝宝仰卧。

防蚊：不点蚊香、不喷杀虫剂

蚊虫可传播痢疾、流行性乙型脑炎、肝炎等多种疾病，保持住所周围及宝宝室内的环境卫生，做好灭蚊防蚊工作很重要。

挂蚊帐最安全

挂蚊帐是最传统的驱蚊方法。它的好处是安全、无毒，不会对宝宝产生任何刺激，防蚊效果也不错。

不点蚊香

蚊香的主要成分是除虫菊酯，其毒性较小。但也有一些蚊香含有有机氯农药、有机磷农药、氨基甲酸酯类农药等成分，这类蚊香虽然加大了驱蚊作用，但它的毒性相对就大得多。一般情况下，宝宝的房间不宜用蚊香。如果一定要用，可以在外出的时候紧闭门窗，在屋内点上蚊香，回家再开窗换气，给宝宝营造一个无蚊无毒的环境。

不用杀虫剂

宝宝房间绝对禁止喷洒杀虫剂。婴儿如吸入过量杀虫剂，会发生急性溶血反应、器官缺氧，严重者会导致心力衰竭、脏器受损或再生障碍性贫血。

⊙ 贴心提示

蚊子叮咬后，妈妈可以摘一片芦荟叶子洗净，挤出汁水涂在宝宝的皮肤上，可以起到止痒的作用。

睡前准备：先通风，避免着凉

睡前最好开窗通一下风，睡觉时最好将窗户关起来。如果开窗睡觉，不要让宝宝睡在风口。

不要让宝宝裸睡。天冷时可给宝宝穿透气性好的长袖上衣、长裤；天热则可给宝宝穿肚兜，或用薄单将宝宝的肚子盖上。

如果开空调，最好使用自然风和微风，并注意风不要对着人吹。

床边常备：毛巾、奶瓶、尿布、衣物、温度计等

哺乳用品

1. 干净毛巾。母乳喂养的话只要准备擦拭乳房的干净毛巾即可。

2. 奶瓶、温水、奶粉等。人工喂养则需准备好消过毒的奶瓶（1～2个）、温水、奶粉等哺乳用品。

3. 白开水。准备一个装有白开水的水瓶，以便喂奶后给宝宝漱口用。

衣物

宝宝经常在夜间大小便，睡前一定要准备足够的尿布，并准备两套被褥，以备宝宝尿床后更换。清理大小便、喂奶、倒水都免不了用纸巾，最好将纸巾放置在卧室照明灯开关附近，这样即使在黑暗中也能轻易找到纸巾处理紧急情况，既不会吓着宝宝，也不会因烦琐的动作赶走自己的睡意。此外，还应准备两套干净、舒适的衣服，以备宝宝的衣服被大小便、奶汁等污染后更换。

安抚用品

如果宝宝很依赖安抚奶嘴等能给自己带来安全感的东西，父母就应该把它们放在床边不远的地方，以安抚宝宝兴奋的心情，使宝宝尽快再次入睡。

常用药品及温度计

为处理夜间突发疾病预备。

只有抱着才睡觉：每天应睡不少于12个小时

宝宝躺在床上不睡觉，抱在怀里才肯睡，时间久了妈妈休息不好，对宝宝的脊柱发育也不好，妈妈要想办法纠正。

缺乏安全感

有可能月子里妈妈经常抱着宝宝，以至于宝宝喜欢待在大人的怀里，一离开大人的怀抱就哭闹，说明宝宝没有安全感。

妈妈可以慢慢缩短抱宝宝的时间，每天5分钟或10分钟地缩短。让宝宝自己躺在床上，妈妈可以和宝宝聊天，或唱摇篮曲哄宝宝睡觉。

没有吃饱

宝宝不睡觉，也有可能是宝宝没有吃饱。宝宝吃一会吃累了，睡着了，若妈妈的乳房还有奶，可以捏一下宝宝的耳朵或揉揉宝宝的脚心，让宝宝醒来继续吃奶；若乳房没有奶了，宝宝没有吃饱，可以冲60毫升配方奶喂宝宝。

> ☺ 贴心提示
>
> 宝宝不好好睡觉有许多原因，只要宝宝精神状态好，爱吃奶，大小便正常，一天睡眠不少于12小时，妈妈就不用太担心。

"说话"：现在开始教

宝宝会发出各种不成语句的声音，这是婴儿在做唇、舌运动和发音练习。这时候，妈妈可以教宝宝(小猫)"喵喵"、(小羊)"咩咩"、(小狗)"汪汪"、(火车)"呜呜"等拟声词。这类拟声词比较容易发音，反复教宝宝，效果非常好。妈妈可以对宝宝说"狗狗""嘟嘟""玩玩"等，随着年龄增长，词汇增加，宝宝更能熟练运用。

宝宝学习语言时，有很强的模仿能力。妈妈说话时宝宝会很仔细地观察妈妈的唇形，因此，妈妈在说话时速度要慢，注意发音正确，尽量不要说方言；可以反复讲。虽然刚开始时宝宝不一定学得会，但经过反复教，宝宝虽然还不会说但已经形成了记忆。

奶粉：不要随便换

对宝宝来说，奶粉没有最好的，只有适合的。一种奶粉，如果宝宝愿意接受，喝了以后大便正常，那就是适合的，就不建议再更换。

给宝宝不停地"试用"奶粉，对宝宝来说更不适合。因为宝宝的肠胃适应能力较弱，每更换一种奶粉，宝宝就要适应一段时间。在这段时间内，出现便秘、腹泻、呕吐或者根本不接受，对宝宝都会造成很大的伤害，远不如一直用已经适应了的那一种奶粉。

但是，当宝宝喝某种奶粉有一段时间了，仍然不能适应，对奶粉有不耐受现象，就要及时更换奶粉。

"童秃"：是暂时的现象

"童秃"就是宝宝出生时头发稀少甚至没有头发的现象。宝宝的"童秃"只是暂时的，只要能够保证营养，再加上适当的护理，宝宝的头发是会逐渐增多的，到2岁左右就和一般宝宝没什么两样了。

清洁很重要

对付"童秃"，保持头皮清洁很重要。父母可经常为宝宝洗头，并在洗头时帮宝宝轻轻按摩头皮。

营养很关键

父母还应给宝宝提供充足、全面的营养，经常带宝宝到户外活动，接受空气浴和适当的阳光照射，宝宝的身体健壮了，头发的生长也会变得更容易些。

出汗：是普遍现象

宝宝的神经系统发育不完善，在入睡后交感神经有时会兴奋，刺激汗腺分泌，导致出汗很多。另外，婴儿期的宝宝新陈代谢快，手脚经常乱动，睡着了也有手动脚踹的现象，也加快了宝宝出汗。所以，宝宝出汗会比大人多，特别是入睡后头部、脖子、躯干全有汗，这是正常现象。只要宝宝精神好，喜欢吃奶，生长发育正常，妈妈就不用太担心，随着月龄的增加，宝宝出汗会逐渐减少。

但是，若宝宝夜间经常哭闹、盗汗、睡眠不好、出现枕秃等，妈妈最好带宝宝去医院查一下看是否缺钙。若宝宝缺钙妈妈可以按照医嘱给宝宝补充维生素 D 和钙剂。

量体温：耳温、额温

宝宝发热时，妈妈想给宝宝测一下体温，一般选择耳温、额温，既方便，又安全。

耳温、额温测量方法

测量耳温的温度计叫作"耳温枪"，是使用红外线测量耳膜（又称"鼓膜"）温度的器械。由于耳膜更加接近人体体温的"定点"——下丘脑，测量结果更加准确，因此有助于快速确认宝宝体温是否过高。额温枪的测温原理与耳温枪相同，但由于额头温度会受到外界温度的影响，有时测量结果会不准确，因此通常用于辅助确认宝宝体温是否过高。

宝宝哭闹、喂奶、衣服过厚、室温过高都会使体温升高，建议在这些情况处理完 30 分钟后再测体温。

宝宝饥饿、环境温度低（20摄氏度以下）、衣服穿得薄、包裹薄都会使宝宝体温下降，这些情况也建议处理完 30 分钟后再测体温。

宝宝生病发热时应每隔 2 ~ 4 小时测一次体温，吃完退热药物或物理降温 30 分钟后测一次体温。

第56天

宝宝的头：可轻柔地抚摸

因为宝宝的囟门没有闭合，不少父母都不敢触摸宝宝的头，其实轻轻地抚摸宝宝的头是没有关系的，还会给宝宝安全感，尤其是妈妈在喂母乳时，与宝宝眼睛对视，微笑着、温柔地抚摸宝宝的头和小脸，对宝宝的性格发育是有好处的。

抚摸是年轻的爸爸妈妈和宝宝"交谈"的好方法。温柔的抚摸可以把亲人的爱、关注和理解传达给宝宝。研究显示：常被抚摸的宝宝不易生病和哭闹；抚摸还可以改善宝宝的睡眠和饮食习惯；更能增进父母和宝宝的亲情联系。

户外活动：先到窗户边适应几天再出去

满月后，父母应尝试带宝宝到户外活动。

好处多多

宝宝接触到更多的阳光和新鲜空气，可提高宝宝对外界的适应能力和对疾病的抵抗力。在户外活动时，宝宝可以接触到各种人和事，增加感官所受到的外界刺激，促进宝宝视觉、听觉的发展。

循序渐进

起初，父母可以打开窗户，抱着宝宝到窗边站一会儿，让宝宝感受一下与室内不同的气温和空气，让宝宝适应一下环境的变化。如果宝宝没有不良反应，就可以带宝宝到户外去了。

开始时，父母每天可带宝宝到户外活动 1 次，待上 3 ~ 5 分钟就回来。之后，户外活动的次数可增加到每天 2 ~ 3 次，时间可以逐渐增加为 1 ~ 2 小时。

夏天父母可选择在上午 10 点前、下午 4 点半后带宝宝到阴凉处玩耍；冬天可在上午 10 点至下午 3 点之间带宝宝到阳光充足、背风的地方活动。

身高、体重增长慢：先检查吃、睡情况

宝宝的身高、体重增长缓慢，妈妈不要太着急，身高、体重发育迟或早均与遗传因素有密切关系，同时也受后天一些因素影响。每一个家庭不同的喂养方法和生活习惯都会对宝宝的生长发育有一定影响。

没有吃饱

母乳是宝宝的最佳食品，宝宝吃了一个月没有怎么长个子和长肉，有可能是宝宝一直没有吃饱。若没有吃饱，妈妈可以采用混合喂养方式来喂养宝宝。

没有睡好

妈妈要观察宝宝睡眠是否正常，如夜间是否经常醒或哭闹。宝宝睡得不好，导致垂体在夜间分泌生长激素较少，影响宝宝正常生长发育。

⊙ 贴心提示

若宝宝长得非常缓慢，妈妈可以带宝宝去医院看看，检查宝宝是否有矮小症或其他疾病，别耽误了最佳治疗时间。

吃吃停停：力气小、睡着了

吃吃停停是宝宝吃奶时的常见现象，母亲乳汁不足、宝宝吸吮不熟练或宝宝体力不足都可能导致这种情况。

解决办法

如果是母亲缺乳引起的，除了采取常规方法催奶以外，母亲在哺乳前还可以用干净的手轻轻挤一挤乳房，刺激乳腺泌乳，降低宝宝的吸吮难度，帮助宝宝吃奶。

从宝宝的方面讲，想改善这种情况，妈妈要多让宝宝吸吮，一方面促进乳汁分泌，一方面可以帮助宝宝掌握吸吮技巧，并在锻炼中成长。

如果宝宝在吃奶过程中睡着了，妈妈可以摇一摇乳头，捏一捏宝宝的耳垂，或轻轻弹一弹宝宝的脚心，叫醒宝宝继续吃奶。

逗笑：和宝宝交换多样化的声音

和宝宝"对话"

妈妈可以用手托着宝宝的头，让宝宝看清楚妈妈的脸和唇，凑近他，愉快地对他说话，然后耐心地等待宝宝发出声音。一旦宝宝发出任何声音，妈妈都要对他笑，并重复他发出的声音。这种和宝宝的"对话"可以尽早开始。由于它充满了情趣又富有教导的意义，所以应该是任何年龄的宝宝都经常玩的一种游戏。

逗笑宝宝

在宝宝精神愉快的状态下，拿一些带有响声、能动、颜色鲜艳的玩具，边摇晃边逗宝宝玩，或与宝宝说话，或用手轻挠宝宝的胸脯，宝宝将报以愉快的应答——微笑。这样可以促进宝宝发音器官的协调发展，让宝宝尽快发音。

夏日外出：防暑、防晒

夏天天气炎热、阳光强烈，带宝宝外出一定要注意防暑和预防晒伤。

防暑

宝宝身上的衣服最好能宽松一些，颜色浅一些，宽松的衣服有利于透风，浅色的衣服吸热慢、散热快，宝宝穿着凉爽。

带宝宝出门应选择在上午 8～10 点或下午 4 点半以后，阳光不太强烈的时候。到达户外后要在树荫下停留，借助树叶中透过来的阳光为宝宝进行日光浴。

防晒

宝宝的肌肤比较娇嫩，紫外线对宝宝的肌肤的伤害比较大，长时间在户外活动，极易使宝宝晒伤。为避免宝宝被晒伤，外出时应给宝宝戴上有帽檐的帽子，帮宝宝遮挡阳光，必要时可带遮阳伞。

> ⊙ 贴心提示
>
> 宝宝一旦晒伤，父母可用新鲜的芦荟汁为宝宝涂抹伤处，也可用冰水、冰块或冰牛奶为宝宝冷敷晒伤的地方，每次敷20分钟，每隔2～3小时敷一次，直至红肿消退。

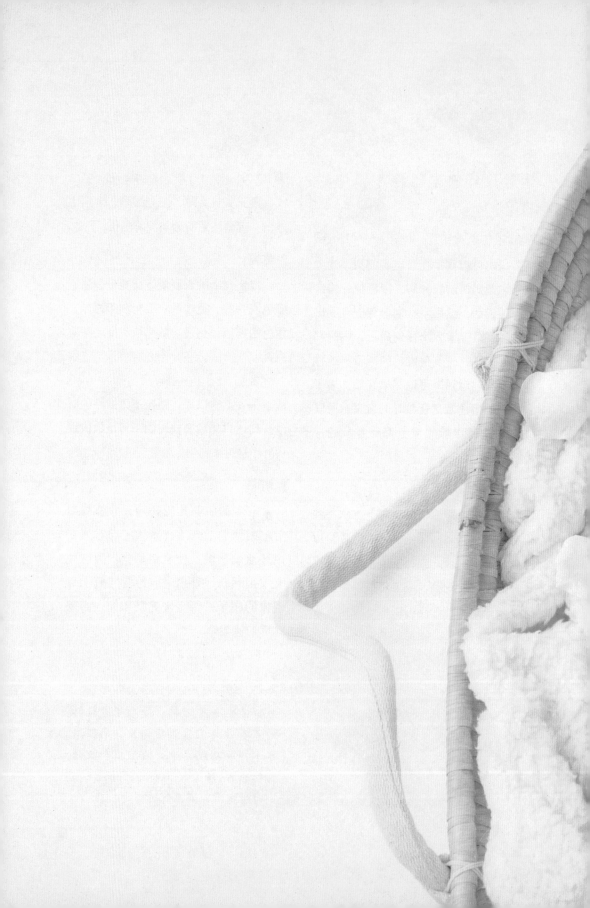

第**3**个月
流口水、吃手

宝宝的生理、感觉、心理发育

🍼 生理发育

	男宝宝	女宝宝
体重	6.75±1.55（千克）	6.20±1.40（千克）
身长	62.40±4.80（厘米）	61.05±4.15（厘米）
头围	40.80±2.60（厘米）	39.80±2.40（厘米）
胸围	41.20±3.80（厘米）	39.60±3.10（厘米）

🍼 感觉发育

· 认识奶瓶了，一看到大人拿着它就知道要给自己吃奶或喝水。

· 当听到有人同他讲话或发出特别的声响时，会认真地听，并能发出"咕"的应和声。

· 用眼睛追随走来走去的人。

· 趴在床上时，头已经可以稳稳当当地抬起，前半身可以由两臂支撑起。

· 被逗时会非常高兴并发出欢快的笑声。

· 当看到妈妈时，脸上会露出甜蜜的微笑，嘴里还会不断地发出"咿呀"的学语声。

🍼 心理发育

· 喜欢听柔和的声音，会不时微笑，在被逗弄时会笑出声音，表现出天真快乐的反应。

· 最需要人来陪伴，当他睡醒后，最喜欢有人在他身边照料他、逗引他、爱抚他、与他交谈玩耍，这时他才会感到安全、舒适和愉快。

⊙ 贴心提示

父母的身影、声音、目光、微笑、爱抚和接触，都会对宝宝的心理造成很大影响，对宝宝未来的身心发育，建立自信、勇敢、坚毅、开朗、豁达、富有责任感和同情心的优良性格，都会起到很好的作用。

第 62~63 天

母乳喂养：由按需向按时过渡

经过 1~2 个月时间的按需哺乳，妈妈的乳汁分泌能得到充足的开发，宝宝吃奶的次数也会逐渐稳定。随着月龄的增加，按需哺乳会自然而然地渐渐过渡到按时哺乳，2 个月以后可每隔 3~4 个小时哺乳一次，每次 15~20 分钟，夜间可喂奶 1~2 次，但若是宝宝睡得很香，也不必非要喂奶。

开始加奶粉：宝宝可能出现生理性腹泻

进入第 3 个月，有些妈妈开始出现母乳不足的现象，有的妈妈则准备重新去上班，因而开始给宝宝添加配方奶，实行混合喂养或人工喂养。这要求宝宝必须去适应新的食物或新的喂养方式。在这个过程中，宝宝很容易出现肠胃功能紊乱导致腹泻。

此时的腹泻，一般是宝宝的肠胃一时不适应而出现的应急反应，即使宝宝一天大便 7~8 次，并且大便不成形（有时还会发绿）、有奶瓣、水分很多，妈妈只要能排除宝宝是因为致病菌或病毒感染、消化不良和其他肠道疾病导致的腹泻，就不必着急。随着宝宝对新的喂养方式的渐渐适应，腹泻就会自动好转，不需要特别治疗。

辅食：不要急着加米粉

这个月的宝宝消化系统还没有发育完全，体内的淀粉酶不足，消化淀粉的能力很弱，父母不要急着给宝宝添加米粉等含淀粉比较多的食物。

这个月父母最好不要给宝宝添加任何辅食，以免使宝宝出现不良反应。

第 64~65 天

安抚奶嘴：适度、安全地用

在很多母亲心中，安抚奶嘴可是个好东西：宝宝哭闹时，只要把安抚奶嘴往宝宝嘴里一塞，就可以止住宝宝的啼哭，不仅方便，还给自己休息或做家务挤出了时间。安抚奶嘴是好，对早产儿或宫内发育迟缓的宝宝来说，吸吮安抚奶嘴可以安抚宝宝的情绪，促进宝宝的体重增长。但是，安抚奶嘴也有它不好的地方，不可过多使用。

使用安抚奶嘴的优点

1. 可有效地安抚宝宝哭闹的情绪，使宝宝的情感需求得到满足，增加安全感。

2. 宝宝的吮吸能力会逐渐加强，减少宝宝的哭闹，疲惫的妈妈可以得到休息。

3. 使用安抚奶嘴有利于宝宝养成用鼻呼吸的习惯，但一岁之前必须戒掉。

4. 使用安抚奶嘴入睡时，宝宝一般不会趴着睡，减少发生窒息的可能。

使用安抚奶嘴的缺点

1. 安抚奶嘴使用过多会使宝宝牙齿变形，而牙齿变形又容易引起脸部畸形，进而导致口歪、眼斜的外在表现。

2. 安抚奶嘴如果使用不当，会使宝宝出牙延迟，发生牙齿重叠和龋齿，还会抑制正常的唾液分泌，不利于宝宝消化食物。

3. 不清洁的安抚奶嘴还会将细菌、病毒带进宝宝的嘴里，使宝宝患中耳炎和呼吸道感染。

4. 如果宝宝一哭就给安抚奶嘴，父母对宝宝的拥抱、亲吻就会减少，父母和宝宝之间的互动自然也会减少，不利于培养良好的亲子感情。

因此，在使用安抚奶嘴这个问题上，父母还真需要好好权衡一番利弊。用，不是不可以，但要适度、安全地用，最好多准备几个不同形状、大小的安抚奶嘴让宝宝试用，并仔细观察，选择最适合宝宝的奶嘴。即使选到了最合适的奶嘴，也要注意适可而止，不要过度依赖，以免造成不良后果。

第66天

指甲：每周修剪

手指甲和脚趾甲是容易藏污纳垢的地方，而且手指甲太长，容易抓伤嘴巴或眼睛等部位，所以要经常修剪，每周剪1~2次。

🍼 等宝宝睡着后再剪

剪手指甲和脚趾甲的时候要注意安全，醒着的宝宝动作多，小手、小脚一刻不停地挥舞，不方便修剪，可以在宝宝睡着后再剪。

🍼 剪指甲的方法

修剪时可以用婴儿专用的指甲刀，另外要给肘部找一个支撑点，保持稳定，以免伤到宝宝。然后，一只手握着宝宝的手，将要剪指甲的手指分出来，另一只手拿着指甲刀修剪，指甲头要尽量修剪成圆弧形。剪完之后，用指腹摸一下指甲边缘是否光滑，如果不光滑，要继续磨一下直到光滑为止。

流口水：多从第3个月开始

刚出生的宝宝口水是比较少的，3个月左右的宝宝就不一样了，宝宝唾液腺发育、口水分泌增多。而这时候的宝宝口腔比较浅，口腔肌肉的协调能力和吞咽功能也比较弱，还不能及时吞咽自己分泌的口水，于是就出现了口水长流的现象。

宝宝口水会长流不止，不仅弄湿衣服，还会使皮肤因长期受到口水的浸渍、刺激，从而发生过敏。

为了防止口水浸泡引起的皮肤过敏，父母可以给宝宝戴上围嘴，或注意及时擦去宝宝流出的口水。只要没有其他疾病，宝宝流口水不必治疗。

随着年龄增长，宝宝口腔肌肉的协调能力和吞咽功能逐渐完善，会逐渐学会及时吞咽自己分泌出来的口水，渐渐停止流口水。

交流：像对待成人一样去和宝宝交流

说起"交流"，有些父母会觉得这是大人们的事，用在宝宝身上有些不恰当。其实，别看宝宝小，他们对交流的需要和热情，一点也不比大人少。

父母不要把宝宝看成什么也不懂的"白纸"，而是把宝宝看成和自己一样的人。有空的时候多和宝宝说说话，多逗逗宝宝，多对宝宝笑一笑，把宝宝想要交流的"神经"拨动起来，让宝宝在交流中观看、倾听、触摸，学会模仿和表达，体验良好的情绪，发展自己的感觉和知觉，在不知不觉中变得聪明、活泼起来。

第**68**天

湿疹：多是过敏所致

湿疹是由遗传、过敏等内外部因素引起的宝宝常见的皮肤炎症。

症状

1. 患儿患处出现红色疹点或红斑，逐渐增多，有的融合成大片，可伴有流脓、糜烂、结痂、瘙痒，常反复不愈。

2. 一般好发于头面部，以后逐渐蔓延至颈、肩、背、四肢，甚至可波及全身。

3. 宝宝常因瘙痒而烦躁不安、夜间哭闹，影响睡眠，有时因宝宝用手抓痒致皮肤细菌感染而使病情进一步加重。

避免宝宝过敏

1. 避免让宝宝接触可能导致过敏的事物。旧报纸、杂志等容易积尘的物品要移到室外；地毯、填充玩具也应少接触；家中最好不要养宠物。

2. 人工喂养的宝宝如果对牛奶过敏，应选择母乳喂养，或给宝宝选择专门的低敏奶粉。

3. 如果宝宝对母乳过敏，妈妈应忌吃鱼、虾、蟹等容易引起过敏的食物。

护理

1. 最好采取母乳喂养，同时妈妈应暂时不吃蛋、虾、蟹等食物。

2. 新生儿的贴身衣服、被褥必须是棉质的，外衣的领子也最好是棉质的。宝宝的衣服应该宽松、轻软，并适当少穿些，过热、出汗都会造成湿疹加重。另外，宝宝的衣物应该勤换，以保持身体的干爽。

3. 用温水和偏酸性的洗浴用品为宝宝清洁皮肤，避免交叉感染。

4. 宝宝的房间应定时通风；打扫卫生时最好用湿毛巾或吸尘器处理灰尘，避免扬尘。

5. 勤给宝宝剪指甲，避免宝宝抓破疱疹引起继发感染。

6. 必要时可在医生指导下使用消炎、止痒、抗过敏药物，切勿自行使用任何激素类药膏。因为这类药物外用过多会被皮肤吸收，给宝宝身体带来副作用。

吃手：是探索的正常行为

吃手是这个月龄的宝宝普遍出现的现象。这时候的宝宝就是通过嘴来认识世界的。刚开始的时候，宝宝不知道手是自己身体的一部分，以为它属于外界的东西，于是就把手放进嘴里"探索"一番。这其实是宝宝成长的表现，等宝宝长到一岁半左右，对手以外的世界产生探索兴趣的时候，吃手的习惯自然就不见了。

不要阻止宝宝吃手

有些父母认为吃手是个坏习惯，一看见宝宝把手往嘴里放就急忙制止宝宝，其实是不对的。千万不要粗暴地制止宝宝，那样只会阻碍宝宝大脑和手眼协调能力的发展。

勤洗手

如果害怕"病从口入"，父母可以勤给宝宝洗手，并要注意保持宝宝口唇周围清洁、干燥，以免发生湿疹。

理发：3个月以后再理

很多爸爸妈妈认为，要想使宝宝长大以后头发好，就要尽早给宝宝理发。有的爸爸妈妈会选择自己在家给宝宝理发，可给刚出生的宝宝理发不是件容易的事情。因为宝宝的颅骨较软，头皮柔嫩，理发时宝宝也不懂得配合，稍有不慎就可能弄伤宝宝的头皮。由于宝宝对细菌或病毒的抵抗力低，头皮的自卫能力不强，宝宝的头皮受伤之后，常会导致头皮发炎或形成毛囊炎，甚至影响头发的生长。因此，宝宝最好在3个月以后再理发。

宝宝早理发，对发质没影响

宝宝头发的好坏和什么时候理发关系并不大，而是与以下两方面因素有关。一是受遗传因素影响。头发的生长与身体长高一样，有早有迟，有快有慢，有许多宝宝的头发原来又黄又稀，但随着身体的发育，头发也逐渐变得又黑又密，这些都与遗传有关。二是受宝宝后天身体健康状况的影响。如果宝宝体质较差、营养不良或病后体质虚弱时，头发就可能变得稀疏而没有光泽。如果宝宝增强体质、加强营养或病后恢复很好，头发也就自然会长好。

选购一个理发器

如果家有男孩，可以选购一个宝宝专用安全理发器，这类理发器设计了储屑盒，可以收纳头发屑；带有静音设计的方便在宝宝熟睡时使用；配有陶瓷刀头的可以修剪细软头发，而且使用更安全。如果家有女孩，只是偶尔使用一次，可以借用安全理发器或者用剪刀剪。理发前应先把梳子、剪刀等理发工具用75%的酒精消毒。

睡着了理发比较好

妈妈在给低龄宝宝理发时，最好有他人帮助，如果宝宝哭闹，最好不要强迫他，等他安静下来或者睡着了再理发。

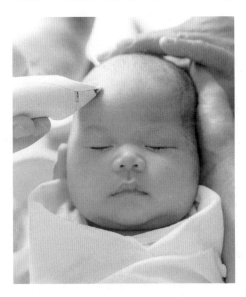

第**72**天

挤奶：正确的方式很重要

想要奶水源源不绝，让宝宝直接吸吮是最好的办法，但是当妈妈必须与宝宝短暂分开时，特别是休完产假回去上班时，或是因为其他因素，例如乳房太涨以至于宝宝无法含住乳头与乳晕、乳头破皮很严重等，无法直接哺喂母乳时，就必须先将奶水挤出来，否则不仅会涨奶，长期下去，还可能引发乳腺炎或断奶。因此，正确的挤奶方式对于妈妈来说是很重要的。

🍼 挤压乳晕边缘

奶水储存在乳房中的输乳窦，在皮肤表面的位置就是乳晕，因此，正确的挤奶方式是使用大拇指与示指按压乳晕边缘，并且不断改变按压的角度，才能将乳房中的所有奶水挤出来。通常只要乳腺通畅，用手挤奶水并不会痛。

🍼 固定在一个位置挤压

手要直接固定在乳晕边缘的位置挤压，不要在皮肤上滑动，例如不要由乳房前方往乳晕的位置推挤，这样乳晕附近的皮肤容易不舒服或变粗糙，挤奶效果也不好。

🍼 不要挤压乳头

乳头只是奶水的出口，并不是储存奶水的地方，挤乳头不仅挤不出奶水，还会使乳头受伤。

第73天

挤出来的母乳保存：密封、低温

挤出来的母乳密封以后在低温的环境下可以保存一段时间。

🍼 温度越低保存时间越长

1. 挤出来的母乳放在 25 摄氏度以下的室温 6 ~ 8 个小时是安全的。

2. 母乳放在冷藏室可保存 5 ~ 8 天。

3. 母乳放在冰箱中独立的冷冻库可保存 3 个月。

4. 母乳放在零下 25 摄氏度以下的超强冷冻柜可保存 6 ~ 12 个月。

🍼 做好密封、标记

挤出的母乳要放入有盖子的干净玻璃瓶或是母乳袋中（建议妈妈依照宝宝一餐的奶量选用适合容量的母乳袋），并且密封好，同时记得不要装满瓶子，因为冷冻后的母乳会膨胀。另外也应该在瓶子上写上挤奶的日期与时间，方便之后使用。

加热母乳的方法

🍼 隔水加热

如果是冷藏母乳，可以把母乳连同容器放入温度在 40 ~ 50 摄氏度的温水里浸泡，使乳汁吸收水里的热量而变得温热。浸泡时，要晃动容器使母乳受热均匀。如果是冷冻母乳可先在冰箱冷藏室解冻或冷水浸泡解冻，然后再像冷藏母乳一样烫热。

这种方法简操作单易，所需工具简单，缺点就是不便于控制温奶的温度。所以，在给宝宝喂奶之前，先滴一滴奶到自己的手背上，感觉奶的温度是温热的，才可以喂给宝宝吃。

🍼 温奶器加热

现代科技的发展使我们有更多加热母乳的选择，比如温奶器，它温度恒定、可控，是很多家庭的选择。把温奶器的温度设定在 40 摄氏度左右，隔水加热母乳。

退过冰而没加热的母乳不能再冷冻，只能冷藏。加热后的母乳不能再冷冻或冷藏，如果宝宝吃不完，可以给大人吃或者丢弃。

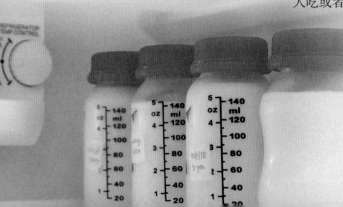

通乳下奶食谱

当母乳达不到宝宝需求时，妈妈可以通过食用催奶汤来进行补气补血、疏肝理气、通畅乳腺、消除淤滞的调理，从而促进母乳的分泌。

花生猪蹄汤

材料：猪蹄 2 只，花生 200 克。

调味料：葱段、姜片、盐、料酒各适量。

做法：

1.猪蹄洗净，用刀在上面划几条口子；花生洗净。

2.将猪蹄、花生放入汤锅内，放入葱段、姜片、料酒，加适量清水，大火烧开后转小火煮至熟烂，最后加盐调味即可。

通草鲫鱼汤

材料：鲫鱼 1 条，通草 20 克。

调味料：葱段、姜片、盐、料酒各适量。

做法：

1.鲫鱼去鳃去鳞，剖洗干净，两面切十字花刀；通草洗净。

2.炒锅置火上，倒入适量的油，油烧热后将鲫鱼下锅，煎至两面略黄，烹入料酒，加适量清水，放入葱段、姜片，小火焖炖20分钟。

3.将通草下入锅内，转大火煮至汤呈乳白色，调入盐，再煮 3 分钟即可。

人工喂养：别随便补钙

为预防佝偻病，现在大部分配方奶中都会添加钙。父母可以根据奶粉罐上标注的成分比例和宝宝一天的吃奶量计算一下宝宝每天摄入的钙有多少。

如果宝宝通过吃奶每天可以摄入 300 毫克钙，就不用额外补充，只要补充维生素 D 就可以了。补充维生素 D，可以在早晨或者傍晚，带宝宝晒一晒太阳。

如果随便补钙，会给宝宝的肾脏造成过多负担，很容易使宝宝患上肾结石。

母乳喂养：暂时性哺乳期危机

"暂时性哺乳期危机"是一种很常见的哺乳现象，主要表现为本来母乳充足的母亲突然发现自己的乳汁分泌减少，乳房没有涨奶的感觉；喂奶半小时左右宝宝又哭闹着要吃奶，并且宝宝体重增加不明显等一系列症状。

暂时性哺乳期危机出现的原因

暂时性哺乳期危机通常在产后第 2 周、第 6 周和宝宝 3 个月时发生，主要是由于宝宝发育迅速、需要量增大，母亲由于疲劳和紧张导致喂奶次数减少，乳房被吸吮不够等原因引起的。母亲恢复月经、母婴生病也可以诱发暂时性哺乳期危机，但比较少见。

应对办法

既然以"暂时性"命名，说明这个"危机"实际上并不严重，只要采取恰当的应对措施，并加以坚持，"危机"是很容易被化解的。

1.尽量放松心情，减少紧张和焦虑。

2.适当增加哺乳次数，让宝宝多吸吮乳房，每次、每侧乳房至少让宝宝吸吮 10 分钟。

3.母亲月经期间可以增加 1 ~ 2 次哺乳，经期过后母亲的泌乳量会恢复如常，这时可以按正常方式哺乳。

4.保证充足的睡眠。

宝宝睡不好：看看是否不舒服

宝宝的睡眠和很多因素有关。如果宝宝睡觉不踏实，容易醒，或晚上不睡觉，父母就该从下面这些方面找找原因，看是不是有一些细节性的事情没有做好。

🍼 环境

宝宝的卧室是否安静，空气是否流通，温度和光线是否合适，被褥是否舒适，衣服是否太紧等等。

🍼 尿湿了

当宝宝在晚上有大小便时，排泄物会让宝宝感觉"屁屁"不舒服，这样也就自然会让宝宝哭个不休了。

🍼 饿了

宝宝的胃容量小，进食次数比较频繁，如果半夜感觉肚子饿，宝宝自然也会哭闹不止。

🍼 缺乏安全感

有时候宝宝看不见爸爸妈妈，又或者被外来的某些声音惊醒了，在缺乏安全感的情况下，自然也就会哭起来，以唤起爸爸妈妈的注意。

🍼 身体不适

如果不是以上问题让宝宝在晚上哭闹不肯睡觉，那么，妈妈就要留意宝宝身体是否出现不适的地方，例如肠胃、皮肤不适或者发生感染性问题等，如发现有异常情况，需要马上到医院进行诊断。

宝宝睡得香：不要随便打断

睡眠对宝宝的生长发育十分重要。如果宝宝经常睡眠不足，不仅会使宝宝在醒来后没精神，活动及交往能力差，还会影响宝宝认知能力的发展。而认知能力的发展对宝宝视觉、听觉、嗅觉，以及注意力、处理信息的能力和沟通能力等智能的发展很关键。

这个月龄的宝宝已经知道了饥饱，感到饿时会主动醒来要吃奶。只要宝宝晚上睡得安稳、不哭闹，到了吃奶时间也不必刻意把宝宝叫醒喂奶。

为避免换尿布惊醒宝宝，父母可以给宝宝穿上纸尿裤，尽量减少换尿布的次数，让宝宝多睡会儿觉。

第78天

宠物：如果家里有宠物

🍼 卫生

1. 给宠物注射疫苗。宠物狗需要注射六联疫苗、狂犬病疫苗、窝咳疫苗等，宠物猫需要注射三联疫苗、狂犬病疫苗，宠物鸟类应该注射禽流感疫苗等。

2. 做好驱虫工作。定期带宠物到医院、防疫站驱虫：1岁半以下的幼犬、1岁以下的幼猫应一个月驱虫一次；成年犬半年驱虫一次，成年猫一年驱虫一次。如果发现宠物的粪便里有寄生虫，要随时驱虫。

3. 给宠物搞好卫生。宠物的便盆及便盆周围要勤打扫、勤清洗，确保干净。要定期给宠物洗澡，并将宠物掉落的毛发及时清理掉。

4. 做好家里和家人的卫生工作。如果家里养了宠物，一定要勤搞卫生，特别是宝宝居室的卫生，把宝宝被宠物身上的寄生虫或寄生微生物感染的概率降到最低。此外，所有家人都应该养成良好的卫生习惯，接触宠物后要用肥皂彻底洗手，吃饭前、接触宝宝前也要先洗手。

🍼 安全

无论多么爱宠物，父母也应该时刻意识到宠物可能给宝宝带来的危险，做

好各种预防措施，避免宠物伤害宝宝，或给宝宝的健康造成各种各样的威胁。

宠物攻击宝宝的案例很多，小婴儿对宠物的伤害是毫无抵抗之力的。如果想确保宝宝安全，父母最该做的就是不要让宠物接近宝宝。

🍼 出现意外时的紧急处理

1. 被猫狗抓伤。立即用肥皂水或流动水冲洗干净伤口十几分钟，然后迅速带宝宝到医院治疗。

2. 被宠物扑咬。如果伤口流血不多，不要急于止血，但要对伤口进行彻底清洗、消毒，然后迅速给医院打急救电话求助。

3. 被鸟啄伤。仔细清洗宝宝被啄伤的创口，然后尽快带宝宝到医院治疗。这里需要注意的是，鸟啄伤的伤口一般比较深，清洗时可把伤口内的污血挤出，用消毒棉签仔细清洗伤口内部，不要简单地冲一冲了事。

指甲：颜色与形态可观健康状态

一般情况下，宝宝的指甲是粉红色的，指甲半月痕颜色稍淡，甲面光滑，有韧性。如果指甲出现异常，说明宝宝患有某些疾病，应尽快带宝宝到医院检查。

指甲长白点

宝宝指甲上有时会长白点，而且随着时间的推移，长白点的现象没有改善，可能就是宝宝身体缺少微量元素了。

指甲呈黄色

宝宝的指甲呈黄色预示着出现了真菌感染，多伴有指甲形态的改变。

指甲呈白色

宝宝的指甲呈白色是贫血的表现。

指甲呈紫色

宝宝的指甲呈紫色是心脏病的预兆。

甲板出现横沟

宝宝的指甲甲板出现横沟可能是麻疹、猩红热等急性热病的表现。有些代谢性疾病也会出现这种外在表现。

指甲分层、粗糙

指甲中大约97%的成分是蛋白质，要是宝宝的指甲很薄脆，有时候还出现分层、断裂的现象，那很可能是营养不良造成的。

长倒刺

宝宝要是长倒刺的话，大多数是由于皮肤过于干燥，手指的角质层和皮下的组织出现了分裂。在日常护肤时，可以给宝宝多涂抹一些婴儿专用护手霜。

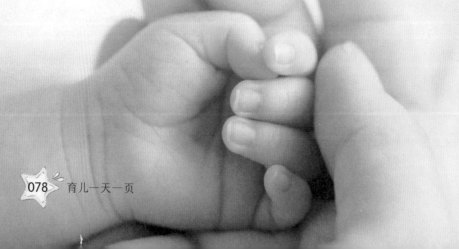

发热：是症状而不是病

发热是一种症状，并非疾病，引起宝宝发热的原因有很多，有些疾病或者注射疫苗引起的发热，比较难避免，但一些护理不当引起的发热可以预防。

护理不当引起发热

护理不当主要有宝宝衣服穿得太多、被子盖得太厚、水喝得太少、房间闷热等，由于宝宝的体温调节中枢不完善，这些外在因素都可以引起宝宝发热，父母要注意避免，一旦发热要马上解除不良因素。

疾病引起发热

如果是疾病引起的发热，需要做的是时刻关注宝宝的体温变化，不能超过

38.5摄氏度，如果超过，要及时降温。6月龄以内的宝宝最好用物理方法降温，如温水擦浴，不要用酒精或冷水擦身体，以免体温过低；6月龄以上的宝宝可以配合退热药降温。退热药要遵医嘱使用婴儿专用的口服退热药或肛塞药物，不要随便加大剂量，也不要随意缩短使用时间，更不要几种退热药一起使用，这样做可能导致严重的后果。

打疫苗引起发热

如果是打疫苗引起的发热，一般不会太严重，过1~2天就没事了。如果持续不退，且温度过高，则有可能是感染了，要看医生。

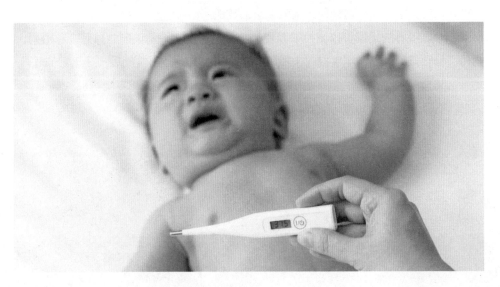

第82天

睡偏头了：怎么纠正

3个月以内的宝宝，经常会出现睡偏头的情况，严重的会影响宝宝外观形象。不过，现在宝宝的颅骨还未定型，此时纠正会取得不错的效果。等到一岁半之后，宝宝囟门闭合，头形已定，再想纠正，基本是不可能了。

形成偏头的原因

1. 自然分娩的妈妈在生宝宝的过程中，由于宝宝胎头过大，或生产中用力过早没有力气生了，医生使用外力帮助妈妈生产，例如，使用真空吸引或产钳等方法，若使用不当很容易使宝宝头部形成血肿。宝宝出生后由于疼痛，不愿意向血肿那边睡，睡久了就会形成偏头。

2. 出生后宝宝的囟门没有闭合，头骨比较软，不注意睡姿，睡觉时常保持一个侧卧姿势，很容易出现偏头。如果妈妈习惯在左侧喂奶，宝宝也就跟着面向左侧吃奶，使得左侧受到压迫，长期如此易形成偏头。

3. 妈妈孕期营养不良也可能引起宝宝头骨畸形导致偏头。

纠正方法

1. 若宝宝偏头的程度较轻，可以使用0～3个月宝宝专用的定型枕头，妈妈也可以自己给宝宝做一个适合纠正宝宝偏头的枕头。

2. 母乳喂养的妈妈可以变换喂养姿势，尽量在宝宝头不偏向的那侧躺着喂奶，换另一侧喂奶时可以将宝宝抱起来喂。宝宝吃完奶打嗝排出空气后，让宝宝仰睡。

3. 将宝宝头偏向的一侧垫高，可以使用毛巾，使宝宝头部不会再向这侧偏。

翻身："三翻六坐"

俗话说，"三翻六坐"，也就是说宝宝在3个月左右可以从仰卧到侧卧做90度角的侧翻身了。妈妈若从这时开始训练宝宝侧翻身，对宝宝四肢神经和肌肉的发育十分有利。

仰卧时侧翻身

宝宝清醒时，妈妈可以让宝宝仰躺在一个大床上，用一个能吸引宝宝注意力的玩具（如拨浪鼓）逗宝宝，当宝宝看到玩具想抓时，妈妈可以将玩具沿着宝宝视线向左或右轻轻移动一点，宝宝的头也会跟着转，伸手去抓时上身也跟着转。开始时宝宝下身还有点翻不过来，妈妈可以帮宝宝把上边的那条腿放在下边那条腿上边，再去逗宝宝，宝宝就会很快翻了过来。

侧卧时侧翻身

宝宝清醒时，妈妈在一侧逗宝宝，若宝宝朝左侧躺着，妈妈可以把宝宝的右腿放到左腿上，再将宝宝左手放在胸腹之间，妈妈一只手保护宝宝颈部，另一只手轻推宝宝的背部，再用玩具逗，宝宝就会翻过去了。

俯卧时侧翻身

宝宝侧卧和仰卧翻身都练习好了，妈妈就可以帮宝宝练习俯卧翻身了。妈妈可以先将宝宝翻成俯卧姿势，让宝宝爬着玩一会，练习一下抬头，然后妈妈用一只手扶住宝宝胸部，帮助宝宝从俯卧的姿势翻成侧卧姿势，注意一定不要伤到宝宝。

第**84**天

吃得多：未必是好事

传统观念认为"宝宝吃得多，睡得香，长得壮"，所以很多妈妈认为只要宝宝想吃，就不限量地喂宝宝，2个月的宝宝看上去像6个月宝宝那么胖，就觉得很欣慰。其实，这种育儿喂养方法是不正确的，吃得太多，有害无益。

🍼 导致肥胖

在宝宝生长的过程中，要按照宝宝的实际营养需要来喂养宝宝，而不是宝宝想吃妈妈就喂。尤其是人工喂养的宝宝，每天摄入的糖和脂肪随配方奶喂养量的增加而成倍增加，过多的能量，宝宝不能通过活动消耗，就会转为脂肪堆积起来，宝宝就会变成一个小胖子。

🍼 引起消化不良

2个多月的宝宝，胃的容量很小，每天吃过量的食物，不能完全消化吸收，很容易引起消化系统的功能紊乱，宝宝就会出现腹泻、呕吐等症状。

🍼 增加肾的负担

宝宝吃过量的配方奶，导致蛋白质和矿物质也会过量，过多的矿物质不能被宝宝吸收，而是通过肾脏排出，2个月的宝宝的肾的功能很不完善，过多的矿物质会增加肾的负担。

打嗝：原因与应对方法

宝宝打嗝是因为宝宝的膈肌发育不完善，膈肌或周围相邻的肌肉容易受到刺激引起打嗝。

🍼 打嗝的原因

1. 宝宝体温易受外界环境的影响，天气冷时很容易着凉引起打嗝。

2. 宝宝吃奶时，吃得过快过多引起打嗝。

3. 宝宝饥饿或大哭时吃奶，吸入空气引起打嗝。

4. 吃配方奶时吃的时间过长导致宝宝吃到凉的配方奶，或喝凉开水、吃比较凉的药导致打嗝。

5. 进食不当导致消化不良引起打嗝。

🍼 应对方法

1. 宝宝因着凉而打嗝，先把宝宝竖立起来靠在妈妈的肩膀上，妈妈用手轻拍宝宝的后背，待宝宝不打嗝后再喂一点温开水。宝宝睡觉时要给宝宝的小肚子盖个保暖被子。

2. 宝宝吃得过急过快引起打嗝时，妈妈将宝宝竖立起来用手挠宝宝的小脚心，让宝宝啼哭可以使膈肌收缩而停止打嗝，最好的办法是改掉吃奶过快过急的坏习惯。

3. 宝宝打的嗝有酸臭气味，可能是消化不良，妈妈可以在下一顿时少喂一些。也可以带宝宝去医院看看，是否需要喂一些辅助消化的药。

第**85**天

判断：宝宝放屁也有迹可循

宝宝放屁是正常的生理现象，屁可以反映宝宝的胃肠功能情况，频繁地放屁，可能是大便的信号，奇臭无比的屁也可能提示宝宝消化不良，妈妈要学会判断。

母乳喂养

屁多：可能是妈妈吃的土豆或红薯过多所致。

屁臭：可能是妈妈吃了过量的蛋白质，吃了一些大蒜、豆类食物所致。

响屁：可能是妈妈吃了胡萝卜或萝卜之类的食物，也可能是宝宝在吃母乳时乳头和嘴之间有空隙，吸入了较多空气。每次放屁排出的空气多，放屁就响；排出的空气少，放屁就不响。

人工喂养

屁多：妈妈用奶瓶给宝宝喂奶和喂水时，宝宝吸入了大量的空气所致。

屁中带屎：宝宝吃的配方奶比较多，引起消化不良。可以给宝宝少喂些奶，多喂点水，或者遵医嘱吃点辅助消化的药即可。

屁臭：可能与换不同品牌配方奶有关，也可能是配方奶中蛋白质和脂肪的含量高，宝宝没有完全消化吸收所致，妈妈可以多给宝宝喂些温开水，少喂些配发奶即可。

无屁：宝宝哭闹不安，肚子疼，几天没有大便，可能是便秘或胀气，也可能有其他疾病。

爸爸：不能缺少的角色

中国传统的育儿观念认为，养育宝宝都是妈妈的事，平时很多爸爸不会抱宝宝，哄宝宝，更不会给宝宝换尿布和喂奶了，导致宝宝很依恋妈妈，而爸爸一抱宝宝，宝宝就哭。其实，爸爸有着和妈妈不同的性别角色和性别行为，这些不同的特征会在和宝宝接触的日常生活中直接影响宝宝，它们无法相互替代。

爸爸对宝宝个性品质形成的影响

爸爸照顾宝宝可以更好地培养宝宝的独立性，如宝宝练习侧翻身时，爸爸可能会在一旁看，鼓励宝宝自己翻过来，而妈妈一般都会帮助宝宝。因此，在妈妈那里，宝宝学会关心别人、温和、善良，在爸爸那里学会坚强、勇于冒险、热情、乐观。这样两方面结合就初步形成了宝宝较完善的人格基础。

爸爸对宝宝发展认知的影响

宝宝在与妈妈的日常交往中，会学到语言、生活知识或物品用途等方面的知识，而在爸爸那里经常通过诸如修理车辆、使用工具、修整园林等活动，使宝宝对动手操作更感兴趣，这会激发儿童的探索精神、想象力、创造性以及求知欲望。

爸爸对宝宝社会行为发展的影响

爸爸经常参与到宝宝的生活中，会帮宝宝扩大社会活动范围和社交内容。在与宝宝的游戏中，利用爸爸在教育中的独特作用来影响宝宝的社交兴趣和需要，这有助于宝宝积累社交经验和社交技能。

留出充足的时间陪伴宝宝

为了充分发挥爸爸的作用，爸爸应该多抱抱宝宝，逗逗宝宝笑，和宝宝一起做游戏，满足宝宝心理上和生理上的需求。

多抱：不是坏事

传统观念认为新生宝宝不能抱，抱了易形成抱癖，对大人和宝宝都没什么好处，这种观念是不正确的。宝宝整日躺着，对妈妈而言很方便，但不利于宝宝的生长发育。

抱一抱，好处多

1. 大人经常抱着的宝宝体形会变得优美，这也是婴儿的运动之一。

2. 抱着的宝宝看到的事物多，心理和智力发育也显著地超过同龄宝宝。躺着的宝宝只能看到天花板、房顶，缺乏神经发育必需的各种丰富的刺激。

3. 抱着宝宝的时候，妈妈要同宝宝说话、唱歌，眼睛温柔地注视着宝宝，轻轻地晃动宝宝，这种感情交流对宝宝的大脑发育、心理发育以及身体生长都有着极大的好处。

过度保护：宝宝反而容易生病

宝宝穿得暖，吃得好，可是为什么还是三天两头就感冒呢？而且从医院检查的结果看，宝宝也没有免疫系统方面的问题，那问题出在哪儿呢？

原来，这些宝宝感冒的原因就是他们长期处于父母的"过度保护状态"中。不少父母怕宝宝受风着凉，总是限制宝宝的户外活动，甚至整日让宝宝待在门窗紧闭、生着炉火的温室里，并给宝宝穿过多的衣服，有的宝宝甚至裹得像个"罗汉"。这样日渐削弱了宝宝对外界温度变化的适应能力，稍不注意就会伤风感冒。

幼儿时期的宝宝呼吸系统发育尚未健全，神经系统的功能未发育完善，因此，如果能让宝宝多到户外活动，对增强机体各部分器官的功能十分有益。

户外活动增加了能量的消耗，促进食欲，这对于宝宝克服挑食、偏食的毛病也有好处。因此，父母都应积极鼓励宝宝参加户外活动及锻炼，以增强体质、预防疾病。

第 **4** 个月

百天漂亮宝宝

宝宝的生理、感觉、心理发育

🍼 生理发育

	男宝宝	女宝宝
体重	7.40 ± 1.60（千克）	6.80 ± 1.50（千克）
身长	64.50 ± 4.00（厘米）	63.10 ± 4.60（厘米）
头围	42.00 ± 2.40（厘米）	40.90 ± 2.40（厘米）
胸围	42.30 ± 4.00（厘米）	40.65 ± 3.35（厘米）
牙齿	个别宝宝在本月萌出第一颗乳牙	

🍼 感觉发育

· 对周围的事物有较大的兴趣，喜欢和别人一起玩耍。

· 能识别自己的妈妈和面庞熟悉的人以及经常玩的玩具。

· 抱在怀里时，头能稳稳地竖起来。

· 拿东西时，拇指较以前灵活多了，经常把手放在眼前，这只手拿那只手玩，那只手拿这只手玩，或津津有味地看自己的手。

· 能集中注意倾听音乐，并且对柔和动听的音乐表现出愉快的情绪，对刺耳的声音表现出不快。

· 能区分爸爸妈妈的声音，听见妈妈说话的声音就高兴起来。

· 叫他的名字已有应答的表示。

· 不但很喜欢看附近小巧的物体，而且可以从这一点仔细看到另一点。

· 当有人与他讲话时，他会发出"咯咯""咕咕"的声音。

· 经常有口水流出嘴外，还会把手指放在嘴里吸吮。

🍼 心理发育

· 喜欢爸爸妈妈逗他玩，高兴了会开怀大笑、自言自语，似在背书，"咿呀"不停。

· 对周围的人、物品都会表现出浓厚的兴趣。

· 对周围事情感兴趣时，会立即微笑。

· 开始与别人玩，特别喜欢爸爸妈妈将他竖抱起来，并像大人一样地东张西望。

母乳喂养：最少要坚持到第4个月

4个月前的宝宝消化能力弱，免疫能力几乎为零，母乳易消化又含有大量的免疫因子，而且宝宝在吸吮母乳的时候，肺部、头颈部力量都能得到强化锻炼，对身体发育有促进作用。

另外，出生后的前几个月是建立亲子依恋的关键时期，母乳喂养可以大大增加母婴的交流时间，对亲子关系的建立有好处。所以在4个月之前尽量给宝宝喂母乳。

感觉母乳不够：不要着急加奶粉或辅食

在宝宝的吃奶量有所增加时，如果妈妈的乳汁分泌量没有立刻跟上去，感觉母乳不足，宝宝吃不饱，妈妈不要太着急，不要急着添加奶粉或辅食，这很可能只是暂时的，只要妈妈保证休息，加强营养，两三天就会好起来。

加强营养

妈妈要保证休息好，也要保证营养，可以多喝汤，如鸡汤、鲫鱼汤、排骨汤等。

勤哺乳

坚持勤哺乳，在原有的喂奶次数基础上再多喂几次，并坚持夜间哺乳。保证宝宝每次吃奶有足够的吸吮时间，每侧乳房至少吸吮10分钟。有的宝宝刚吃几口奶就睡着了，致使吸吮时间过短，为防止这种现象的发生，在给宝宝喂奶时不要给宝宝穿得或盖得过多；宝宝睡着时可以轻轻捏宝宝的小手、小脚，也可轻拍宝宝脸颊或移动乳头唤醒宝宝，以保证足够的吸吮时间。

第93天

厌奶：不要强迫宝宝吃奶

3个月前后是宝宝厌奶的高发期。这种厌奶往往发作得很突然：不久前宝宝还很喜欢吃奶，每次吃的量都不少，某一天突然就不喜欢吃了。这属于生理性厌奶，大致有三方面原因。

1. 此时宝宝的成长速度变慢，对营养和能量的需求不像原来那么大了。

2. 这个月开始给宝宝添加辅食，宝宝在吃了与奶不同的食物之后变得"喜新厌旧"。

3. 这个阶段的宝宝对周围的事物充满了好奇，很容易被其他事物吸引而无法专心吃奶。

此时，父母不要强迫宝宝吃奶，可以尝试着把奶冲淡一些，或给宝宝换一个奶嘴，或换一种不同口味的配方奶。经过一段时间的调整，宝宝的新陈代谢功能有所增强后，会重新开始吃奶的。

夜间喂奶：尽量喂母乳

夜间时间比较长，如果不喂母乳，乳房就有太长的时间得不到宝宝的吸吮刺激了，泌乳量特别容易减少。

另外，夜间喂母乳比喂配方奶要方便很多，妈妈的身体在夜间得到了比较充分的休息，乳汁分泌比白天要好一些，宝宝吃得也饱一些。这也是建议夜间喂母乳的原因。

但是，如果妈妈的乳汁量特别少，宝宝吃不饱以致吃奶的间隔时间缩短，影响母婴休息，在这种情况下，至少应当起床冲调一次配方奶给宝宝吃，并且让宝宝尽量吃饱。

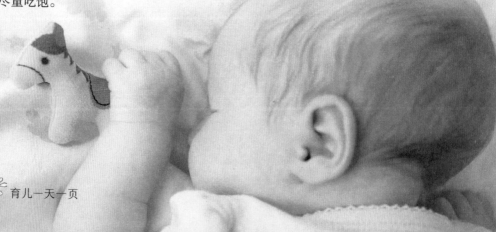

第**94**天

食量：差距拉大

宝宝与宝宝之间的食量差距在这个月会表现得尤为明显。母乳喂养的宝宝因为是按需喂哺，只能从吃奶次数上看出分别。人工喂养的宝宝则可以从每一次吃奶中感觉到不同：食量大的宝宝一次可以吃 200 毫升，食量少的宝宝每次仅仅吃 120 毫升就够了（有的宝宝甚至吃不到 120 毫升）。

吃奶：次数、量

到了这个月，大部分宝宝已经形成了固定的吃奶习惯。白天一般会隔 4 小时吃一次奶，每天只要喂 5 次就可以了。夜间的吃奶情况视宝宝的情况不同而不同：有的宝宝可能在半夜醒来吃一次奶，有的宝宝则可以一觉睡到天亮，一次奶都不吃。这个月的宝宝已经知道饥饱，如果半夜饿了会自动醒来要吃奶；如果宝宝不醒，母亲不必特意叫醒宝宝喂奶。

人工喂养的宝宝每天可以喂 5 ~ 6 次配方奶，每次喂 180 ~ 200 毫升，每天的总奶量保持在 1 000 毫升左右。

辅食：若是母乳充足，还不必添加

如果以前一直是纯母乳喂养，这个月仍然可以继续这种喂养方式，不必给宝宝添加辅食。

如果宝宝的体重每天能增加 20 克左右，10 天能增加 200 克，说明母乳完全足够，不需要添加任何代乳品。

如果宝宝的体重平均每天只增加 10 克左右，或宝宝夜间经常因饥饿哭闹时，就要适当添加一些代乳品，以免影响宝宝的生长发育。

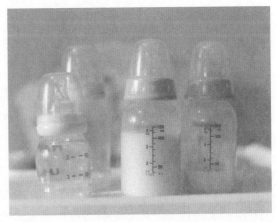

睡眠：推后、变短

4个月的宝宝每天睡14～16个小时，比起新生儿时期时间要短得多。现在宝宝晚上睡觉的时间也大大推后了：以往一到七八点钟就困倦不已的宝宝，到这个月居然可以一直等到10点钟左右和父母一起入睡。

宝宝身上发出"咔咔"的响声是怎么回事？

宝宝的身体会发出声音，有时是妈妈给宝宝换尿布时，有时是妈妈在给宝宝把尿时，听宝宝的膝盖处发出"咔咔"的声音，宝宝这是怎么了？

其实，宝宝关节发出的声响类似于成年人挤压或拉拽手指关节时发出的清脆的响声，一般没有疼痛，没有什么特殊症状，属于正常现象。

婴儿期宝宝的关节、韧带比较薄弱，关节窝浅，当妈妈给宝宝换尿布或把尿时，宝宝的关节处于屈伸活动状态，关节与韧带之间摩擦就会出现响声，随着宝宝年龄增大，韧带变得结实了，关节软骨也发育完善了，这种关节发出的响声就会慢慢消失了。

枕头：可以开始使用

4个月以后的宝宝发育正常的话，头部活动已经很灵活，颈部增长，肩部增宽，已出现第一个脊柱生理弯曲，这时可以给宝宝睡枕头了。

宝宝枕头的要求

1. 宝宝枕头的高度以3～4厘米为宜，可根据宝宝发育状况，逐渐调整枕头的高度。

2. 枕芯质地应柔软、轻便、透气，吸湿性好，软硬均匀。可选择稗草籽、灯心草、蒲绒、荞麦皮等材料填充，或可将泡过的废弃茶叶收集起来晒干填充。不要使用泡沫塑料或腈纶、丝棉做填充物。对于不明填充物的枕头，妈妈要慎重购买，一般来讲，天然的、传统的产品是较安全的。

3. 每天宝宝睡觉时妈妈可以用手把枕头压出与宝宝后脑勺相似的形状，也可以购买专门定型的婴儿枕头。

4. 妈妈可以选择浅色的棉布给宝宝做几个枕套，宝宝经常流口水，枕套湿了便于换洗。

回去上班：让宝宝学会用奶瓶喝奶

到了这个月，有的妈妈可能已经休完产假，准备回单位上班了。即使边上班边哺乳会比休假哺乳来得辛苦，但很多母亲还是愿意尝试母乳喂养。母乳喂养的优势不用再说，单说在心理上，坚持哺乳的母亲就可以免去因为停止哺乳而带来的心理负担，还可以继续享受哺乳带来的温馨和快乐，自然是坚持越久越好。

如果想边上班边给宝宝哺乳，首先要做到的就是让宝宝学会用奶瓶喝奶。

让宝宝学会用奶瓶喝奶

这项工作可以从上班前的半个月开始做。妈妈可以先把母乳挤到奶瓶里，然后减掉1~2次亲自哺乳，让其他人用奶瓶喂宝宝，使宝宝慢慢适应这种新的吃奶方式。

调整喂奶时间

妈妈要根据上班后的作息来调整宝宝的喂奶时间，使宝宝逐渐适应改变了的吃奶规律，不至于因为喂奶时间的突然变动而挨饿。

如果单位离家近，妈妈可以利用午休时间回家给宝宝喂一次奶；如果工作的地方离家很远，或午休时间过短，妈妈就不必非得赶回家，可以让家人用奶瓶给宝宝喂事先准备好的母乳。

感冒：一般7天自愈

感冒是人们最熟悉的常见病，不但大人容易得，宝宝也无法幸免。普通感冒对宝宝的威胁性不大，经过4～7天的发病过程（有时会持续到10天），通常会自行痊愈。

症状

宝宝患普通感冒的症状主要有发热、流鼻涕、咳嗽、鼻塞、易烦躁、哭闹增加等。患流行性感冒（简称流感）后，宝宝会迅速出现高热、爱发脾气、食欲大减、扁桃体红肿、全身无力等症状，接着会咳嗽、流鼻涕，严重时还会出现腹痛、呕吐等胃肠道症状。流感引起的发热可能持续3～5天，对宝宝的威胁比较大，父母一定要留神。

护理

1.普通感冒。让宝宝多喝水，多休息，还可适当喂宝宝一些果汁或蔬菜水，为宝宝补充维生素C。一定要注意观察宝宝的体温，最好每隔2个小时测量一次。一旦宝宝的体温超过38.5摄氏度，应当尽快采取措施退热。如果不想让宝宝服用退热药物，可以用温水擦浴等方式为宝宝进行物理降温。

2.流感。宝宝患了流感，父母应立即对宝宝的卧室进行通风，对宝宝的日用品进行消毒，以保证宝宝生活环境的安全、清洁。宝宝的卧室可定期通风，宝宝的日用品可用开水煮沸消毒。流感容易引起高热，父母应每隔1小时为宝宝测量一次体温。如果出现高热，要及时带宝宝去医院治疗。

预防

为了增强宝宝的抵抗力，6个月以下的宝宝最好进行母乳喂养，并带宝宝进行适度的室外活动。天气变化时，父母应及时为宝宝增减衣物，以免使宝宝受凉，诱发感冒。

喂药：准备、时机、操作方法

宝宝都是偏爱甜食的，而药大多数都是苦苦的味道，宝宝一般不会爱吃，想要喂宝宝吃下苦苦的药，妈妈则要想想办法了。

喂药前的准备

父母洗净双手，把喂药用的小匙、滴管、水杯或喂药器放在方便拿到的地方。最好再准备些白开水给宝宝漱口，帮助宝宝消除药液残留在口中的不愉快的味道。

喂药的时间选择

喂药的时间最好选择在两次吃奶中间，一般在第二次吃奶前30分钟至1小时进行。这样可以避免宝宝吃完药后又吃奶而呕吐。如果所喂的药对胃的刺激性比较大（如铁剂），可以选择在吃奶后1小时喂。

喂药的具体操作

1. 药水、糖浆类药物。妈妈抱着宝宝（让宝宝半躺在自己的手臂上）坐在床上或椅子上，用手指轻按宝宝下巴，让宝宝张开小嘴，再用滴管或针筒式喂药器吸取少量药液，慢慢送进宝宝口中，轻抬宝宝下颌，促使其吞咽。

2. 油类药物（如鱼肝油）。妈妈抱着宝宝坐好，用手指轻按宝宝下巴，让宝宝张开小嘴，用滴管吸取适量药物（有些鱼肝油是小剂量的尖头胶丸，只要剪开口直接滴即可），慢慢送入宝宝口中，轻抬宝宝下颌，促使其吞咽。

3. 药片。药片不能让宝宝整片吞下，妈妈可以把药片碾碎，放在小汤勺中，混合着温水让宝宝服下，尽量把小汤勺接触到宝宝的舌根部，因为宝宝这个部位对苦味的感受不明显，而且利于宝宝吞咽。

晚上频繁哭闹：排除疾病的因素

造成宝宝夜晚哭闹难眠的原因很多，最常见的是肚子饿和尿湿了，但也有可能是身体不适的表现。

宝宝生病了导致夜间哭闹

1.佝偻病。宝宝患了佝偻病，夜间会啼哭。

2.肠道痉挛。肠道痉挛常于夜间发作，宝宝下肢卷曲、剧烈啼哭。

3.蛲虫症。蛲虫寄生在人的肠道，并在夜间常常爬到肛门周围产卵，宝宝因肛门刺痒而哭闹。

护理不妥导致宝宝夜哭

1.宝宝尿布湿了。

2.室内空气太闷，宝宝衣服穿得较多，出汗后湿衣服裹得太紧。

3.被子盖得太少使宝宝觉得冷。

4.宝宝口渴了、肚子饿了也要哭。

减少宝宝白天睡眠的时间和吃奶量

减少宝宝白天睡眠的时间，减少白天的吃奶量，一次不让宝宝吃得过饱。妈妈给宝宝喂完奶后要多逗宝宝玩，待宝宝玩累了再睡。宝宝白天睡眠时间以 1 ~ 2 个小时为好，超过 2 个小时，就应叫醒宝宝。

夜里为宝宝营造最好的睡眠环境

1.夜幕降临，先给宝宝洗一个温水澡，再为宝宝进行按摩，能帮助宝宝安静下来。

2.睡前让宝宝喝一些奶，有助于宝宝心满意足地入睡，但要注意千万不能让宝宝含着乳头入睡。

3.睡前将宝宝用被单裹紧，会使宝宝有安全的感觉，利于宝宝入睡。

4.妈妈可以轻轻地抚摸宝宝的头部，从头顶向前额方向抚摸，同时可小声哼唱催眠曲，为宝宝营造一个宁静、美好、和谐的入睡环境。

坠床：最容易发生的意外

坠床是 3 ~ 4 个月的宝宝最容易发生的意外。这时候的宝宝已经学会翻身，也十分好动，却没有控制自己行动的能力，一旦父母照顾不周，又把宝宝放置在床边缘，宝宝很容易翻到床外。

🍼 预防

当宝宝在床上玩耍时，父母一定要在旁边看护，并让宝宝远离床边。

父母一定要为宝宝选择有护栏的婴儿床，并在宝宝睡觉或玩耍时拉上床栏。即使是这样，父母也应该在床的四周铺上海绵垫、棉垫、厚毛毯等具有缓冲作用的物品。因为护栏也不能百分百地保证安全，铺上这些东西，可以防止宝宝不慎坠床时受伤。

🍼 坠床后的处理

一旦发现宝宝坠床，父母应首先判断宝宝身体的着地部位，并检查宝宝有没有骨折，头部有没有受伤。如果宝宝只是皮肤擦伤，可以不去医院，只需用碘伏对宝宝受伤的部位进行消毒。如果宝宝出现高声哭叫、睡不醒、呕吐、异常兴奋、四肢肌肉紧张、牙关紧闭、斜视等表现，说明宝宝可能存在颅脑损伤，需要立即送医院诊治。

🍼 心理安抚

宝宝在坠地过程中受到惊吓，容易引起精神不安、易激惹、恐惧、睡眠障碍等症状。

为避免坠床给宝宝造成心理阴影，一旦发现宝宝坠床，进行必要检查后，父母应立即抱起宝宝，用手轻轻抚摸宝宝的身体，并温柔地和宝宝说话，尽量转移宝宝的注意力，帮助宝宝尽快遗忘坠床造成的恐惧，从而安静下来。

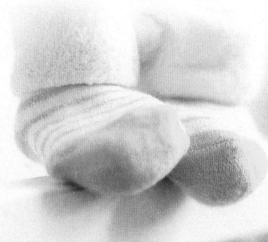

痱子：多发于夏季出汗多时

夏季温度过高，出汗较多，汗水蒸发后留下的盐会刺激皮肤导致周围组织发炎而长痱子。宝宝皮肤娇嫩，往往很容易长痱子，家长一定要特别注意。

常洗澡

勤用温水给宝宝洗澡，夏季每天最好给宝宝洗澡和擦拭身体两次以上。同时，一定要待皮肤擦干后再在皱褶处涂上少量爽身粉，要始终保持皮肤干燥。

衣着宽松

宝宝夏季服装宜轻薄、柔软、宽大，宝宝的纸尿片要勤换，最好选择透气性好的。有条件的话，不用纸尿片是最好的，给宝宝准备几条裤子，及时更换就可以了。

保持室内通风散热

在湿热的环境下宝宝特别容易长痱子，保持室内通风散热，以减少出汗和利于汗液蒸发。

防抓挠

月份大点的宝宝会用手去抓痒，皮肤常常被抓破，导致继发感染，最终形成疖肿或疮。所以，妈妈要及时给宝宝修剪指甲，防止宝宝抓破皮肤。

睡眠习惯：昼少夜多

爸爸妈妈忙了一天，到晚上想休息了，而宝宝这时候却精神奕奕，就会弄得父母筋疲力尽。那么，怎样培养宝宝的睡眠习惯呢？

白天少睡

宝宝白天以玩乐为主，少睡觉。在婴儿期，宝宝的探索欲望是非常强烈的，任何东西都可以吸引他的注意力。经常带宝宝出门走走看看、陪宝宝玩游戏等都是适合宝宝的运动，也会促进宝宝的大脑发育。

到时间就安抚宝宝睡觉

宝宝睡觉是生理的需要，当宝宝的身体能量消耗到一定程度时，自然就要求睡觉了。因此，每当宝宝到了睡觉的时间，只要把宝宝放在小床上，保持安静，他躺下一会儿就会睡着；如果暂时没睡着，让他睁着眼睛躺在床上，不要逗他，保持室内安静，等不了多久，宝宝也会自然入睡。

晚上少打扰

在夜间除了喂奶、换 1 ~ 2 次尿布以外，不要打扰宝宝。在后半夜，如果宝宝睡得很香也不哭闹，可以不喂奶。随着宝宝的月龄增长，逐渐过渡到夜间不换尿布、不喂奶。

第 109~110 天

游戏：模仿动物叫

准备一些动物图片，如小狗、小鸭、小鸡、小牛、小猫的图片。让宝宝仰卧在床上或抱坐在父母怀里，随意抽出一张动物图片，妈妈用一只手握住宝宝的小手指着图片上的动物，告诉宝宝图片上的动物是什么，并模仿该动物的叫声。比如，父母抽出一张小猫图片，可以对宝宝说："这是小猫。小猫是怎么叫的呢？小猫叫，喵、喵、喵……"这一阶段的宝宝对动物的叫声很感兴趣，反复做几遍后，宝宝会在父母的引导下兴奋地叫起来。

这个游戏对发展宝宝的听力、语言能力和记忆力很有帮助。

游戏：滚苹果

准备一个大苹果，并将它洗净、擦干。先让宝宝俯卧在床上，使宝宝的两臂屈曲放于胸前，然后将苹果放在宝宝正前方，让宝宝看一看、摸一摸、闻一闻，吸引宝宝的注意。

等宝宝对苹果产生兴趣后，父母推一下苹果，让苹果向远离宝宝的方向滚动，锻炼宝宝的追视能力。这时宝宝可能尝试着伸手去够苹果，父母可以先让宝宝尝试一下，再轻轻地将苹果推回来，不要把宝宝惹得哭起来。

这个游戏可以发展宝宝的追视能力，提高宝宝的躯体协调运动能力。

按摩：每天 10 分钟

🍼 按摩头面部

避开囟门，用手指尖在宝宝头部轻轻地做画圈动作，接着按摩脸的侧面，然后手放到额头中间，指尖经过眉毛轻轻向两侧移动到耳朵。

🍼 按摩肩颈部

从宝宝的耳朵到肩膀，经过颈部轻轻向下抚触，然后从下巴开始慢慢移动到胸前。

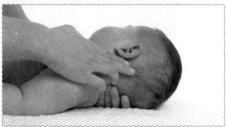

🍼 按摩胸腹部

沿着宝宝肋骨的轮廓轻轻抚触宝宝胸部；腹部按摩时用手指在宝宝的腹部从肚脐开始向外画圈揉动。

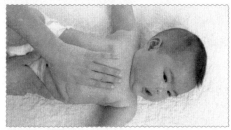

🍼 按摩四肢

让宝宝仰面躺着，握着宝宝的一只胳膊，从腕部轻轻抚触、揉捏到肘部再到肩膀，接着按摩宝宝的手腕、小手和手指，并用指尖抚触宝宝的每一根手指；按摩腿部时从宝宝的大腿向脚踝方向轻轻抓捏腿部，最后摩擦脚踝和脚丫。

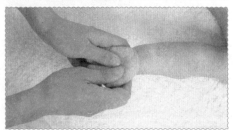

🍼 按摩后背

小心翼翼地把宝宝翻成俯卧位，用手掌从宝宝的腋下向臀部方向按摩，同时用拇指轻轻挤压宝宝的脊背。

第 113~114 天

警惕肠套叠：一种没有预兆的急症

与成人相比，婴儿的肠管占比较大，加上宝宝肠道的回盲部系膜还没有固定完善，肠道容易出现大幅度游离，所以肠套叠极易发生在婴儿身上，而且它的发生一般没有预兆。

发生时，宝宝会因为突然出现的腹痛而大声啼哭，双膝蜷曲，表情痛苦，有时还会呕吐。这种剧烈疼痛只持续一小会儿，过一会儿宝宝又会和平时一样。

但是，疼痛会再次袭来，宝宝又会开始大哭大闹，并很难平静下来。

发病前 12 个小时，宝宝还可以解出正常的大便，随着套叠时间的延长，宝宝会排出血便或形似果酱的黏性大便。

父母如果触摸宝宝的腹部，还可以在宝宝的上腹部摸到类似腊肠的包块。

🍼 预防

1. 预防肠套叠的主要任务是尽量保持宝宝肠道蠕动正常。平时，父母要注意保护宝宝的腹部，避免宝宝因着凉而出现肠道功能失调。

2. 为防止病从口入，宝宝的食具一定要严格消毒，并要注意防止交叉感染。给宝宝哺乳时，母亲应注意洗净双手和乳房。

3. 给宝宝添加辅食时，应严格遵守循序渐进的添加原则，一次只添加一种食物，并坚持从少量开始，不要急于求成，使宝宝肠道功能出现异常。

4. 为避免诱发肠道蠕动紊乱，父母不要擅自给宝宝使用驱虫药驱除肠道寄生虫。

🍼 护理

肠套叠是急症，处理不当很容易引起肠梗阻和肠坏死，父母一旦发现宝宝有类似肠套叠的症状，一定要迅速带宝宝到医院诊治。

送宝宝去医院前，父母应给宝宝禁食禁水，以减轻宝宝肠内的压力。父母应注意观察和记录宝宝的病情变化（如呕吐物，大便的次数、量等），以便到医院后向医生陈述病情。

不要给宝宝服用止痛药，以免掩盖症状，影响诊断。

经治疗后，父母应注意给宝宝保暖（防止着凉、腹泻），并给予宝宝流质或半流质食物，以免再次诱发肠套叠。如果是采用手术治疗，术后父母应及时帮宝宝变换体位，并少量多次、循序渐进地给宝宝添加清淡、流质、富于营养的食物，促进宝宝肠道功能的早日恢复。

春季：多到户外活动

春天阳光明媚，气候温和，空气清新，景色宜人，是带宝宝进行户外活动的好季节。

带宝宝到户外后，父母可以把宝宝从婴儿车里抱出来，让宝宝多看看周围的景色，还可以握着宝宝的小手让宝宝摸一摸花瓣和树叶，抱着宝宝闻一闻花草的香气，让宝宝多感受一下大自然的美。

丰富多彩的大自然会对宝宝的视觉、听觉、触觉、嗅觉等感官产生强烈而丰富的刺激，促进宝宝智能的全面发展。

夏季：预防脱水热

夏季天气炎热，如果室内气温太高，而此时宝宝的汗腺已经开始发育，宝宝会因为出汗太多而脱水。如果父母不及时为宝宝补充水分，就容易使宝宝出现脱水热。

🍼 预防脱水热

1.注意保持适当的室温。

2.让宝宝多喝水。如果宝宝出现体温升高、尿量减少、烦躁不安的症状，父母应考虑发生脱水热的可能性，为宝宝补充水分，或采取洗温水澡、温水擦浴等方法帮宝宝把体温降下来。

秋季：锻炼耐寒能力

秋天是锻炼宝宝耐寒能力的好时节，让宝宝能通过外界气温的变化，来提高身体的适应能力，"秋冻"锻炼能够促进血液循环，对宝宝的生长发育有好处。

因此，在秋季天气渐凉的时候，不要给宝宝穿得太多、盖得太厚（尤其是早上和夜间，父母最容易给宝宝穿、盖太多）、包裹得太紧，给宝宝一些接触寒冷空气的机会。每天坚持让宝宝进行2小时户外活动。勤开窗通风，不要紧闭

门窗，使室内外温差太大；即使天气变冷，也应该带宝宝进行一些户外活动。坚持"春捂秋冻"，对宝宝健身防病具有十分积极的意义。

冬季：在天气晴暖时出门

冬天寒冷，大部分家庭都要用暖气或空调取暖。如果在气温比较低的北方地区，通常室外气温低于0摄氏度，室内温度又大多保持在20摄氏度以上，这就使室内外温度相差20～30摄氏度。这时，最忌讳的事情就是贸然带宝宝出门。即使给宝宝穿得很厚、很暖和，突然暴露在低温环境中，大部分宝宝的呼吸道也会经受不住，很容易感冒，甚至患上肺炎。

所以，父母在冬天最好在室外温度最高、阳光最充足的时候带宝宝出门，并且出门前先抱着宝宝在打开的窗户边站一会儿，让宝宝适应一下室外的冷空气，这对预防宝宝冬季感冒是非常关键的。

围嘴：选购与使用

围嘴的选购要点

1. 市场上的围嘴产品有围嘴式的，有背心式的，也有罩衫式的，有些颈部可调节大小，适合宝宝跨月龄使用。

2. 围嘴一般采用纯棉材料，透气、柔软、舒适，吸水性好，宝宝喝水、吃饭、流口水时都不用担心弄湿衣服。有些围嘴采用粘胶设计，穿起来更方便。

3. 不要使用橡胶、塑料或油布做成的围嘴，尤其是天气较冷或宝宝皮肤过敏时。如果使用，最好在这类围嘴的外面罩上一块纯棉布围嘴。

4. 围嘴不宜过大，四周也不要有很多荷叶边或机织的花边，样式大方、简便就可以了。

围嘴的使用要点

1. 系带式的围嘴不要系得太紧，喂完饭或宝宝独自玩耍时，最好不要戴，以免发生意外。

2. 围嘴的作用主要是防脏，不要把它当作手帕来使用。揩抹口水、眼泪、鼻涕等最好仍用手帕或纸巾。

3. 围嘴应经常保持整洁和干燥，这样宝宝才会感到舒服，乐于使用。

早教：固定一个时间放音乐

音乐是一种神奇的东西，可以帮助我们舒缓情绪，治愈我们的伤痛，还可以缓解我们在生活中的压力，放松身心。同样，音乐对宝宝也意义非凡，可以启迪和拓展宝宝时间和空间的观念，培养宝宝非凡的想象力和创造力。妈妈最好每天固定一个时间给宝宝播放音乐。

选择好曲子

任何旋律优美的音乐宝宝都会喜欢，其中甚至包括了妈妈随口哼唱的小曲调。注意，关键是让宝宝在音乐中感受到愉快的情绪，父母可以和宝宝一起唱歌、打节拍，带给宝宝更多愉悦的体验。

适宜的音量

在家里播放音乐时，最适宜的音量范围是 40~60 分贝，而且在放音乐的时候不要同时打开电视，不要把音响放在宝宝的床头。超过 90 分贝的声音就可能对宝宝造成听力方面的永久性损伤。

多听

在一两个月内，反复听两三首曲子，使宝宝有个识记过程，以便加深印象。

第 119~120 天

游戏：模仿表情、声音

在宝宝的情绪和语言发展中，父母的模仿教育非常重要。

🍼 模仿宝宝的表情

妈妈可以刻意模仿宝宝的动作与表情，宝宝会因此而兴奋不已。反过来，如果妈妈做了一些夸张的动作，宝宝也能学得惟妙惟肖。宝宝通过模仿大人的表情，慢慢地了解到不同的心情会用不同的表情表现出来。

🍼 模仿宝宝的声音

语言是开发智力的工具。人的思想情感，可以用表情、肢体动作来表达，但更重要的是用语言来表达。3～4个月的宝宝，正是牙牙学语的阶段，父母应该利用这个机会，提早开发宝宝的语言能力。

这个时期的宝宝是个观察者。当宝宝看到妈妈用舌头、嘴唇发出声音时，就会模仿妈妈自发地发出一些无意识的词，如"呀、啊、呜"等。对于宝宝咿呀学语发出的呢喃声，妈妈要尽可能地去模仿，因为这样的回应会使宝宝很兴奋。为了得到应答，宝宝会更积极地学习发声。

游戏：举高高

在宝宝心情好的时候将宝宝抱好，然后一边说着"坐飞机喽"之类的语言，一边高高地将宝宝举起再放下来。宝宝一般都喜欢玩这个游戏，在被高高举起的时候往往会笑出声来。这对锻炼宝宝的平衡感很有帮助。

但是，父母在和宝宝玩这个游戏时应注意控制速度，不要猛然举高或放下，也不能做抛空和接住的动作，以免吓着宝宝。

第 5 个月
进入出牙期

宝宝的生理、感觉、心理发育

生理发育

	男宝宝	女宝宝
体重	7.80±1.70（千克）	7.20±1.60（千克）
身长	66.30±3.00（厘米）	64.80±4.40（厘米）
头围	42.80±2.40（厘米）	41.80±2.40（厘米）
胸围	43.00±3.80（厘米）	41.90±3.80（厘米）
牙齿、囟门	前囟仍然没有闭合，少数宝宝开始长出下门牙	

感觉发育

·口水流得更多了，在微笑时垂涎不断。

·在床上处于俯卧位时很想往前爬，但由于腹部还不能抬高，所以爬行受到一定限制。

·会用一只手够自己想要的玩具，并能抓住玩具，但准确度还不够，往往一个动作需反复好几次。

·洗澡时很听话并且还会打水玩。

·不厌其烦地重复某一动作，经常故意把手中的东西扔在地上，拣起来又扔。

心理发育

·给宝宝做鬼脸，他就会哭；逗他、跟他讲话，他不但会高兴地笑出声来，还会等待着下一个动作。

·如果妈妈叫他的名字，他会看着妈妈笑。

·喜欢和人玩躲猫猫、摇铃铛，还喜欢看电视、照镜子，对着镜子里的人笑，还会用东西对敲。

·明显表现出愿意和成人交往，已能分清熟人与陌生人。

·醒着时喜欢东瞧西看，对自己周围的事情也积极关心起来，经常开心地笑出声来，喜欢咿呀学语、自言自语。

母乳喂养：继续坚持

如果可能，母亲最好继续坚持母乳喂养。有的母亲可能担心自己的奶水不够或营养不足，其实完全是误解。在宝宝6个月前，母乳完全可以满足宝宝的营养需求。只要母亲能够树立起母乳喂养的信心，合理饮食，采取正确的哺乳方法，完全可以坚持半年甚至更长时间的纯母乳喂养。

在哺乳过程中，母婴之间的肌肤亲密接触可以增强母婴感情，还可以使母亲及时感知宝宝体温是否正常，及早发现某些疾病。

人工喂养：以配方奶为主食

人工喂养的宝宝，本月配方奶仍是宝宝的主食。

为了不使宝宝长得太胖，父母应注意控制宝宝的吃奶量，每天给宝宝吃的配方奶总量不要超过1 200毫升。

5个月的宝宝消化系统发育尚未完善，添加辅食容易引起消化系统问题。即使是人工喂养的宝宝，也应在6月龄以后再添加辅食。

⊙ 贴心提示

这个月的宝宝对外界的兴趣增加，开始变得容易受外界变化的干扰。喂奶时，母亲最好找一个安静、不容易受影响的角落来喂奶，以免宝宝听到声音后突然转头，拉扯母亲的乳头，使乳头受伤。

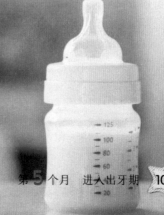

毛绒玩具：应注意安全，定期清洗

毛绒玩具深受各个年龄层次的宝宝喜欢，由于它质地柔软，刚出生的宝宝也可以玩。不过，爸爸妈妈要注意消除毛绒玩具的隐患。

给宝宝选购毛绒玩具时安全是第一要素

许多毛绒玩具没有标明生产厂商，如果玩具上的鼻子、眼睛、扣子等小零件承受不住拉力而松动，当宝宝咬、啃、抠这些小零件时，它们极易脱落而被生性好奇的宝宝吞食，造成生命危险。

有些毛绒玩具内部的填充物都是些工业边角料（海绵、纤维等），颜色也都发黑、发暗，对宝宝身体健康造成危害。若玩具里填充了金属碎屑、钉、针、碎玻璃等不安全物品，宝宝玩时，有可能被扎伤。

所以，给宝宝选购毛绒玩具时，一定要注意材质、装饰安全，最好是正规厂家生产的有品质保证的玩具。

定期消毒、清洗

玩具玩过一段时间后，会粘上很多看不见的汗水、细菌、毛屑等，虽然看上去不脏，但实际上却并不如此。所以玩具买回来后要定期清洗、消毒，起码1周洗1次，并在太阳下暴晒；也要经常用吸尘器吸去上面的灰尘。

毛绒玩具清洗步骤：将毛绒玩具放入加有清洁液的水中浸泡一段时间，也可以用具有抗菌防螨功能的洗衣液兑水后浸泡10分钟左右，然后放入洗衣机洗干净，在通风向阳处暴晒、晾干后使用。

衣服：安全、易穿脱

5～6个月的孩子活动的欲望很强，身体的各种感觉也比以前更加灵敏，如果感觉衣服妨碍了自己的活动，或是穿着不舒服，就会难过地哭起来。另外，太瘦小的衣服会影响孩子的生长发育，触感太硬的衣服会伤及孩子娇嫩的皮肤，对孩子的生长发育都有不利影响。

这个月的孩子所穿的衣服一定要宽大、柔软。为了不至于使孩子感到闷热，也为了保护孩子的皮肤健康，孩子的衣服还应该具有良好的透气性和吸水性。

这个月的孩子好奇心很强，并且正处在用嘴唇感受世界的时期，不管拿到什么东西都喜欢把它们放到嘴里。为避免孩子将衣服上的纽扣、小饰物放到嘴里，引起孩子呛咳或窒息，此时的孩子还应该穿系带式衣服，不要让孩子穿有纽扣和小饰物的宝宝服。

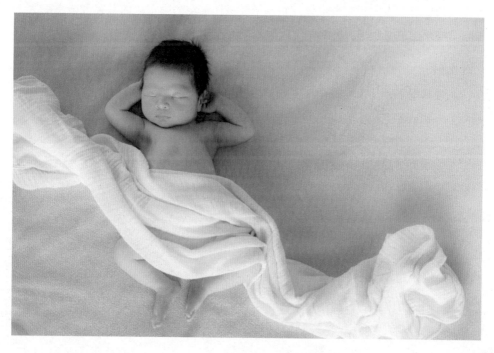

喂水：适时适量

水是人体必不可少的物质，也是宝宝维持正常的新陈代谢、维护生命健康的重要物质。人工喂养的宝宝通常需要代谢更多的蛋白质和无机盐，对水的需要量自然比吃母乳的宝宝多。人工喂养宝宝的母亲应当适时、适量地给宝宝喂水。

什么样的水最适宜

最适合宝宝喝的水当然是白开水。煮沸后冷却至 20 ~ 25 摄氏度的白开水不仅含有对宝宝的身体有益的钙、镁等元素，而且比较容易穿透细胞膜进入细胞，能促进新陈代谢，增强宝宝的免疫力。所以，人工喂养的宝宝应该多喝白开水。

需要注意的是，宝宝喝的白开水必须是新鲜的。在空气中暴露 4 小时以上的水、长期贮存的水、反复烧开的水不应该给宝宝喝。

给宝宝喝多少水

母亲可以通过观察宝宝的小便来确定宝宝需水量的多少：如果宝宝的小便发黄、小便次数明显减少，说明宝宝体内缺水，应该让宝宝多喝水；如果宝宝小便正常，给宝宝喂水又不愿意喝，说明宝宝体内不缺水，就不必强迫宝宝喝。

什么时候喂水

一般情况下，父母应在两次喂奶的中间给宝宝喂水。饭前 1 小时内、吃饭时、睡前都不要给宝宝喂水，以免冲淡胃液，影响宝宝的消化和睡眠。如果父母发现宝宝口唇发干、不断用舌头舔嘴唇，说明宝宝感到口渴，就应该给宝宝喂水了。此外，带宝宝到户外活动时间稍长时、给宝宝洗澡后、宝宝睡醒后都应该给宝宝喂水，及时满足宝宝对水分的需求。

游戏：骑着车子上北京

游戏目标：锻炼宝宝下肢力量。

游戏准备：宝宝情绪良好时。

游戏过程：

1.让宝宝仰躺在床上，妈妈双手分别抓住并抬起宝宝的双腿，让双腿一前一后做运动，如同蹬自行车一样。

2.一边游戏，一边和宝宝说话，如："碰到红灯了，该刹车了！""前面有行人，该按铃啦！""骑累了，该歇一会啦！"

3.对应上面的话，妈妈可帮宝宝做出相应的动作，如：使宝宝两腿同时弯曲，代表刹车；点点宝宝的嘴巴，代表按车铃；让宝宝两腿伸直，代表休息。

4.游戏进行时，妈妈可以给宝宝哼唱儿歌。

游戏心得：两腿交替蹬踏有利于宝宝左右脑协调发育。

小宝贝，可真行，
骑着车子上北京。
左边蹬，右边蹬，
一下骑到王府井。

王府井，人真多，
就是没有自行车。
小黄车，小蓝车，
一概通通不见了。

为什么啊为什么，
王府井，步行街，
自行车，没用了。

分床睡：不必强求

要不要和宝宝分床睡？宝宝多大该分床睡？这些问题困扰着很多家庭，有些家庭效仿西方，让宝宝从出生开始就自己睡，还有一些家庭，宝宝六岁甚至十几岁的时候还不能自己睡，其实，什么时候分床睡，并没有明确的标准，一切都看具体情况。

不必强行要求 1 岁以内的宝宝分床睡

宝宝越小，对世界越缺乏安全感，也需要更多父母的照顾。和父母同睡可以得到更加稳妥的照顾，加上 1 岁以内的宝宝，夜间睡不踏实、吃夜奶、生病等情况时有发生，所以一般不建议强行分床睡。

白天睡觉时，经常让宝宝听到父母的声音

4 ~ 6 个月的宝宝，因为已经对周围环境产生了一定的认识，对环境中人和事的变化也变得比较敏感，如果发现父母离开自己会产生一种紧张情绪，这就会使宝宝愈发不愿意自己睡觉。

白天宝宝多半是独睡，想让宝宝更安稳地自己睡上一觉，就要培养足够的安全感，最好的办法，就是让宝宝经常听到父母的声音。

当宝宝一个人待着时，时不时听到父母的声音，因为独处而产生的各种情绪都会得到及时的安抚，会使宝宝觉得自己时刻处在父母的关注下，并因此产生充分的安全感。这时尝试让宝宝单独在小床上睡觉，就容易多了。

虽然很多专家会给出科学的分床睡的年龄，但是父母不能强逼，更应当考虑宝宝的心理年龄、胆量、独立性、对父母的依恋程度等因素，太过"狠心"可能会造成宝宝安全感的缺失和信任危机，很难弥补。

婴儿床：合适、安全是第一位

无论是从现在开始尝试与准备，还是将来再实施分床睡的计划，家庭中必然会给宝宝准备一张婴儿床，在选购时，合适与安全是第一位的。

安全性

护栏：为避免宝宝坠床，父母应购买有护栏的婴儿床。从安全的角度来看，圆柱形的护栏比板条形的护栏更安全。护栏的隔条与隔条之间的距离应该为 6 ~ 9 厘米，不能超过 9 厘米，以防宝宝的身体滑出护栏。护栏的高度应该不低于 60 厘米，否则宝宝就有翻过护栏掉到床外的危险。

床体：有些婴儿床的床板和床体、护栏和床头之间有一定间隙，只要间隙不大（不超过 5 毫米），对使用并没有妨碍。但是，如果这些间隙超过了 6 毫米，宝宝就很容易被夹伤，这样的婴儿床就不应该选购。

连接：如果想为宝宝购买可以晃动的摇篮式小床，购买时一定要仔细检查床的连接是否牢固，以免部件突然脱落摔伤宝宝。

调位卡锁：婴儿床两边通常有两个调整高低的卡锁，供父母调节床的高度。购买婴儿床时，父母应仔细检查这个装置，确保具有防范意外松开的固定卡锁，以防宝宝在无意中拨动调位装置，造成小床倾斜或下落，使宝宝受伤。

材质

建议选择市场上热门的木质小床，这种小床触摸起来手感比较好，又容易保暖，比较适合宝宝。金属材质的小床虽然结实，但冬天容易变得十分冰冷，触摸起来让宝宝觉得不舒服。

大小

婴儿床的大小可以视房间的大小而定，最好选择可以调节大小的小床。太小的婴儿床使用 1 年左右就要被淘汰；太大的婴儿床则不容易给宝宝提供足够的安全感。因此，折叠起来占地面积不大、可以调节大小的小床才是最佳选择。

婴儿车：警惕意外伤害

婴儿车已经成了养育宝宝的必备设施——用它推着宝宝到户外活动，确实给父母们提供了许多方便，但是，宝宝被婴儿车夹伤或翻车摔伤，滑脱失控的意外事故也总是在发生。

🍼 使用婴儿车的注意事项

1. 使用前先进行安全检查，确定车内的螺丝没有松动，车体连接牢固，转向灵活正常，刹车装置灵活有效。如果发现问题必须妥善处理，然后再带宝宝出门。

2. 让宝宝的颈部始终处于最舒适的状态，背部尽量舒展，腰部与座席间没有空隙。

3. 宝宝坐在车上时，要全程系上安全带。

4. 不要在车内和把手上挂重物。

5. 宝宝坐在车内时，两侧的滑轮锁必须处于完全锁好的状态。

6. 遇到楼梯、电梯或有高低差异的地方时，要把宝宝先从婴儿车里抱出来，不要连人带车一起推。需要提车时也一样，宝宝坐在车内时，不要连人带车一起提起，应该一手抱宝宝，一手拎起推车。

7. 不要在颠簸不平的路上长时间推行。

8. 尽量避免在马路边、快慢车道上推行，以免宝宝吸入大量灰尘、汽车尾气。

9. 不要把婴儿车停在有坡度的地方。

10. 不要把宝宝一个人留在车内。如果必须转身，必须固定好刹车闸，确认车不会移动后再转身。

11. 不要抬起前轮用后轮推行，以免造成后车架弯曲、断裂，使宝宝受伤。

12. 用婴儿车推着宝宝散步时，速度不宜过快，否则容易出意外。

13. 清洁婴儿车应该用清水擦洗，不要使用挥发性溶剂，清洗后要及时擦干。

有计划地听音乐、童谣

宝宝5个月时,父母要开始有计划地给宝宝念儿歌、童谣。虽然他还不懂儿歌或童谣的意思,但他喜欢儿歌的韵律和欢快的节奏,更喜欢父母给他念儿歌时亲切而丰富的表情、口形和动作。选择的儿歌或童谣要简单、朗朗上口,并配合简单固定的动作,使宝宝做到眼、耳、手、足、脑并用,促进视觉、听觉和动觉统合发展。5个月的宝宝对音乐

能表现出明显的情绪,并能配合音乐节奏摆动,也就是说,他已具有初步的音乐记忆力,并对音乐有了初步的感受能力。因此,从这个月开始,父母就要有目的、有步骤地让宝宝欣赏音乐,可以选择某一首乐曲反复听,以增强音乐记忆力,还可以给宝宝听动物叫声和大自然中的某些声音。歌曲或童谣可选择不同的语言,视宝宝的喜爱程度逐渐增加、减少、更换,以启发宝宝听觉、知觉的发展和对音乐节奏的感受力。

如何选择给宝宝看的图画

5个月的宝宝,视力发展到0.05,能看清距离自己四五米远的事物,并且手眼协调能力进一步发展,可以成功够物,并醉心于此项活动。

第5个月时,随着视锥细胞逐渐发育,宝宝对彩色的东西越发感兴趣,此阶段可以增加彩色的、较之前相对复杂一些的图片给宝宝看。

家长可以选择色彩明快艳丽的油画作品给宝宝欣赏,如静物写生类作品,一边让宝宝欣赏,一边指出画作中的颜色并大声说出,使宝宝形成语音和颜色之间的连接。宝宝对于颜色的分辨和语言理解能力的提升,能够为宝宝进一步认知与理解图片中的内容打下良好的基础。

解读：宝宝的表情

宝宝在学会说话以前，有着丰富的体态语，包括面部表情和手势的变化。虽然几个月大的宝宝不会说话，但一些细微的表情也能"告诉"妈妈他们的需求。

🍼 宝宝的表情该怎么解读？

1. 宝宝瘪起小嘴，好像受了委屈，是啼哭的先兆，有可能是对父母有所要求。比如肚子饿了要吃奶，寂寞了要人陪等。

2. 红脸横眉：宝宝先是眉筋突然鼓起，然后脸部发红、目光呆滞，这是要大便的信号。

3. 双眼无光：若发现宝宝双眼暗淡无光、呆滞少神，很可能是宝宝身体不适，有疾病的先兆。

4. 玩弄舌头吐气泡：大多数宝宝在吃饱后、尿布干净舒适，而且还没有睡意时，会自得其乐地玩弄自己的嘴唇、舌头，或吮手指、吐气泡。这时，宝宝愿意独自玩耍，不愿意别人打扰。

5. 懒洋洋：妈妈最怕宝宝饿着，但过量喂食显然也不是好事。怎样才能判断宝宝是否吃饱了呢？其实很简单。当宝宝把乳头或奶瓶推开，将头转一边，并且一脸满足，多半就已经吃饱了，妈妈就不要再勉强宝宝吃东西了。

6. 严肃：宝宝的笑脸是了解其营养均衡状态的"晴雨表"。从宝宝的发育进程看，一般宝宝在出生后 2 ~ 3 个月便可以在父母的逗引下露出微笑。但有些宝宝笑得很少，小脸严肃，表情呆板，这时候妈妈就要小心了，因为这多半是体内缺铁造成的。

游戏：快乐踢皮球

游戏目的：增强宝宝腿部力量。

游戏准备：彩色皮球1个，细绳1根。

游戏步骤

1. 宝宝躺着时，妈妈将皮球拿到宝宝眼前，并对宝宝说："皮球可好玩了，可以蹬，还可以踢，我们一起玩球，好不好？"

2. 抬起宝宝的双腿，然后将皮球放到他的小腿下面，宝宝就会试图把皮球蹬开。

3. 取一根细绳，将其一端用胶布贴在皮球上，这样皮球就可以悬挂或提起来了。妈妈将皮球悬置于宝宝脚的附近，抓起宝宝的脚抬起来，示范如何踢皮球。

4. 鼓励宝宝自己用脚去踢皮球，若宝宝成功了，妈妈可以亲亲宝宝的小脚丫。

5. 游戏进行的同时，妈妈唱念下面的儿歌以增加游戏的乐趣：

小淘气，踢皮球，
踢向西，踢到东，
小皮球，晃悠悠，
问问皮球疼不疼？

游戏：妈妈的腿是港湾

游戏目的：提高平衡力，加强母婴之间的情感联系。

游戏准备：宝宝清醒时，大靠垫1个。

游戏做法：

1. 妈妈坐在地板上，使身体靠在墙上（为了让自己舒服，可靠在一个靠垫上），然后两腿稍微弯曲。

2. 让宝宝仰卧在自己的大腿上，注意应将宝宝的头放在妈妈的膝盖上，宝宝的屁股放在妈妈的大腿上，使宝宝的腿保持弯曲。

3. 妈妈可轻轻摇晃自己的双腿，即腿慢慢地向左动再向右动。随着位置的改变，宝宝会努力地让自己保持平衡，小脑袋也会随之轻轻摇晃。

⊙ 贴心提示

皮球要大小合适，颜色要鲜艳，最好是单色的，如红色的。皮球也不要容易爆炸，以免给宝宝带来安全隐患。

第141天

便秘：吃母乳也便秘是为什么

一般情况下，吃配方奶的宝宝比较容易便秘，吃母乳的宝宝大便稀的比较多，但是，有些吃母乳的宝宝也会便秘，这是为什么呢？

🍼 吃母乳便秘的原因

1.母乳中的蛋白质含量过高：母乳中蛋白质含量过高主要发生在母亲吃了过多的高蛋白食物之后。食物中的蛋白质大量进入乳汁，宝宝吃了之后大便偏碱性，变得比较干硬，不易排出，于是就发生了便秘。此时母亲应及时调整饮食，多吃蔬菜、水果和粗粮，饮食不要太过油腻，使乳汁中的蛋白质水平迅速降到正常水平，宝宝就不会再便秘了。

2.母乳不足：母乳不足引起的大便异常其实是排便减少。如果母乳不够宝宝吃，宝宝总是处于半饥饿状态，排便自然减少，甚至2～3天排一次大便。如果父母经验不足，就会把这种情况误认为是便秘。母乳不足的对策是给宝宝添加代乳品。

⊙ 贴心提示

推拿缓解便秘手法

给宝宝做腹部按摩，以肚脐为中心，用三指或手掌顺时针按揉腹部（从宝宝左下腹→右下腹→右上腹→左上腹→左下腹），每次3～5分钟，每天3次，可以促进宝宝胃肠蠕动，进而促进排便。

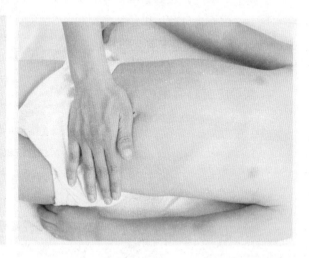

抓头发吃：口欲期的正常表现

5个月左右的宝宝，妈妈带宝宝出去遛弯时，哄宝宝睡觉时，宝宝会突然抓住妈妈的头发，妈妈伸手想把头发从宝宝的手里拿出来，宝宝会抓得更紧，甚至放进嘴里吃，弄得妈妈很疼或很生气，这是宝宝"口欲期"的特点。

🍼 口欲期（0~1岁）宝宝，口和手是其生活的全部

宝宝会用手抓头发往嘴里放或抓衣服吃都很正常，这是宝宝认识世界的一种方式。宝宝不止是对妈妈的头发感兴趣，只要是在他眼中新奇的事物，宝宝都想把玩把玩。最开始宝宝能够触碰到的就是妈妈，所以能趁着机会抓妈妈的头发，这会让宝宝觉得很开心。

宝宝在抓妈妈的头发时，妈妈不要表现出很在意这件事，因为宝宝看妈妈的反应比较大后，会通过这种方式吸引妈妈的注意力，时间久了，宝宝会养成经常抓妈妈头发的坏习惯。

宝宝抓妈妈头发时，妈妈可以给宝宝一些玩具或带宝宝多看看外面的景色，分散宝宝的注意力。

对于1岁以内的宝宝，妈妈不要认为宝宝吃手或吃玩具不卫生就阻止宝宝吃。妈妈可以将宝宝的手和玩具洗干净，满足宝宝的需求，避免宝宝长大后出现咬人、继续抓头发吃、吸烟或爱说脏话等坏习惯。

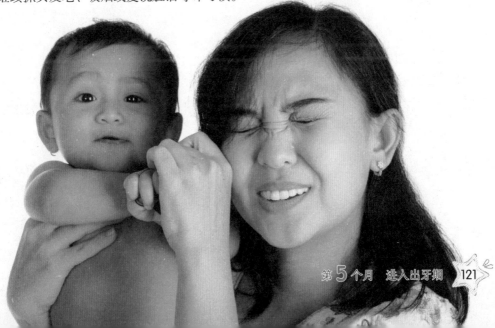

第143天

分离焦虑：乃人之常情

妈妈和宝宝相处了4个多月，对宝宝产生了浓厚的感情，妈妈在产假期间，宝宝的一颦一笑都深深地印在妈妈的脑海中，妈妈要上班了，而心却时时刻刻都在挂念着宝宝，宝宝现在怎么样？不知不觉中妈妈就会产生和宝宝分离后的焦虑。

分离焦虑的表现

看上去神经兮兮 有的妈妈在思念宝宝时，几乎达到了疯狂的地步，工作时心不在焉，若有什么风吹草动，哪怕是眼皮跳一下，都会想起宝宝。

信不过保姆 上班了，宝宝的生活全部交给保姆了，妈妈心里实在没底：会不会自己在时，保姆对宝宝很好；自己不在时，保姆在家看电视、打电话，宝宝在一边哭？然后伤感自己对不起宝宝。

内疚感 有的妈妈辞职后，因为生活的压力，不得不重返职场，当初辞职是为了给宝宝纯母乳喂养才选择辞职的，现在上班就意味着不能实现纯母乳喂养了，不能给宝宝纯母乳喂养是妈妈心中永久的痛。

力不从心感 上班后，妈妈很要强，想把工作做好，工作一天后很疲劳，回家后又要照顾宝宝，感觉有些力不从心，特别是宝宝生病了，感觉更加疲惫，时间久了就会有抑郁的感觉。

产假结束，舍不得宝宝，这是新手妈妈自然流露的情绪，无需自责，千万别因为这样而怨恨自己。

妈妈在上班之前，可以试着一小会儿一小会儿地将宝宝交出去，给自己安排一些时间出去社交、采购等，每天离开宝宝一会儿，一点一点地适应，给自己一个缓冲时间，在正式上班时，就不会因为不适应而格外焦虑。

游戏：照镜子

游戏目的： 帮助宝宝开发智力，通过镜子中的影像认识自己、认识五官、认识身体、了解实物和镜像的不同等。

游戏准备： 一面大镜子。

游戏做法： 当宝宝第一次照镜子时，有可能会大哭，因为他还不认识自己，不知道镜子里的宝宝是谁。

妈妈抱宝宝到镜子前，让他与镜子里的影像碰碰头、拉拉手，告诉宝宝这个小宝宝就是宝宝自己，叫宝宝的乳名，宝宝的眼睛会看着镜子里的图像。

宝宝认识自己了，妈妈再指着宝宝鼻子说："鼻子、鼻子，宝宝有个小鼻子，摸一摸，笑一笑，我是一个好宝宝。"

宝宝认识鼻子之后，妈妈教宝宝认识脸，说："宝宝的小脸在哪里？找一找，摸一摸，宝宝的小脸在这里。"

宝宝经过照镜子学习后，看到镜中的影像时，会睁大眼睛看，有时还会笑一笑。

经过一段时间训练，宝宝会主动摸镜子、拍打镜子，这表示宝宝看到自己的图像了。宝宝为了吸引镜子里的"宝宝"注意，会模仿镜子里"宝宝"的动作，这种行为可以促进宝宝的视觉、触觉、听觉的发育。

宝宝通过照镜子开始与外界的交往，有时摸一摸，感觉凉凉的镜面很好玩，会咯咯地笑起来。

换人带宝宝：尽量不要经常这样

宝宝在成长的过程中，妈妈经常会遇到保姆有事离开几天的情况，而妈妈要上班，因为临时找不到合适的人带宝宝而着急，有时也因为找到的人对宝宝"不好"而急坏了妈妈，也需要换人。

🍼 2 岁以内的宝宝建议不要频繁更换人带

美国科学学院院士、马里兰大学人类发展与定量方法系主任 Nathan A.Fox 教授就儿童"社交敏感期"现象做过一项长达 10 年的研究：科学家们把小孩分成三批观察，一批是从来没在托儿所居住过的有家庭教养的小孩；一批是留在孤儿院的小孩；一批是从孤儿院接出来后情况得到改善的小孩。然后用不同的方法测试这些小孩早期的发展情况。

"我们发现，宝宝在 24 个月前，有固定的养育者陪伴，并能经常有情感互动，长大后的社交能力、认知能力最好。"Fox 教授团队得出的结论是——24 个月前是宝宝的社交敏感期，是语言和情感发展的关键时期，错过后是无法弥补的。

🍼 父母是最佳养育者，其次是祖父母、外祖父母

24 个月前，宝宝应该有稳固、安全的依恋关系；温暖、稳定、积极互动的教养者；良好的、互动的语言环境；丰富、积极的学习环境；能与同伴交往等。爸爸妈妈是宝宝的最佳养育者，如果条件不允许，祖父母、外祖父母可以担任这个角色。

"如果一个家庭中，双方亲属轮换着带宝宝，会造成依恋关系不稳固。"研究证明，能在社交敏感期内有稳固的依恋关系、稳定的生活环境的宝宝在青春期不容易叛逆。而宝宝在 1 岁前会有语言敏感期，这个时候最好由妈妈来陪伴宝宝，多和宝宝交流。

宝宝有自己的性格与气质：要尊重

每个宝宝都有自己独特的性格和气质，即使不是父母所希望和喜欢的，也要尊重宝宝。

每个宝宝都有自己独特的个性气质

有些宝宝很和顺、很容易哄，也很容易适应周围的变化，例如什么都肯吃；如果他生了气，用不了多久就会"雨过天晴"，即使是以前不曾见过的东西，也很愿意去试试看。

有些宝宝则对任何变化都很抗拒，最好每天都吃同样的东西，而且最好是在同样的时间、同样的氛围里。见到陌生人、没见过的玩具，他会害怕、会大哭。不过，宝宝在熟识了某样东西或者某个人之后，又往往有很高的忠诚度。

还有的宝宝对什么都感兴趣，冒冒失失地一头扎进去。这样的宝宝往往精力无限，能把爸爸妈妈训练成反应迅速、动作灵敏的短跑健将和随时警戒的"警卫员"。这些宝宝固执、强势、非常敏感，也很容易跟人共情。

性格和气质没有好与不好的区别，只要认真引导、培养，每一种性格或气质的宝宝都可以很成功。

气质相对稳定，但也不是一成不变

虽然一个人的性情气质相对稳定，可是在宝宝生活中的具体体现却并非一成不变。比如说对于怯懦的宝宝，如果能给予他温和得体的引导，他与人的交往是能够逐渐变得更坦然大方一些的。

哪怕小宝宝的某种气质特征开始的时候偏于极端，但等到了7岁的时候，这种特征往往能趋于缓和而不再那么极端。

根据宝宝的性情气质，我们很难断定宝宝将来会是什么样的人，不过能大致断定宝宝将来不会变成什么样的人。

肺炎：注意与感冒区分

肺炎是 2 岁以下的婴幼儿很容易患的呼吸系统疾病。和新生儿肺炎不同的是，宝宝在婴幼儿期患肺炎通常是由细菌或病毒感染引起的。患感冒、水痘等疾病的宝宝也很容易发生肺炎。肺炎对宝宝的危害比较大，严重的肺炎会使宝宝出现心功能不全，甚至死亡。

肺炎的典型症状

肺炎通常是上呼吸道感染向下蔓延所致，主要症状有咳嗽、呼吸急促、流鼻涕、发热（有时会出现高热，且会持续 2 ~ 3 天）等。

发病 3 ~ 6 天，大多数宝宝会出现咳嗽加重、发绀（口唇青紫，有时候甚至连舌头都会发青）、呼吸困难等症状。有的宝宝还会出现食欲减退、呕吐、腹泻、精神萎靡或嗜睡症状。

怎样确定宝宝是否患了肺炎？

轻度的肺炎和感冒虽然有些类似，父母们容易把这两者相混淆，但只要掌握了"四看一数"的简易诊断法，父母们可以很轻松地把肺炎和感冒区别开来。

"四看"：

	肺炎	感冒
1. 发热	体温多在 38 摄氏度以上，并持续 3 ~ 4 天不退热	很少出现高热，持续时间也比较短
2. 咳嗽及呼吸情况	咳嗽比较严重，宝宝多有呼吸困难、喘气现象	咳嗽一般较轻，很少引起呼吸困难
3. 精神	发热、咳嗽的同时有精神萎靡、烦躁的情况	玩耍、睡眠几乎和平时一样
4. 饮食	食欲明显下降，甚至拒食，一吃奶就哭闹	即使因此减少吃奶量，也不会减少很多

"一数"：就是数呼吸次数。肺炎可以使宝宝的呼吸变快，如果宝宝的呼吸每分钟大于 50 次，就可能是患上了肺炎。

肺炎的家庭护理

宝宝患了肺炎应尽快到医院诊治，如果不需要住院，父母应在家小心护理，促使宝宝早日痊愈。

环境：房间室温应该保持在 18 ~ 22 摄氏度，湿度应保持在 50% ~ 60%。如果天气好，应注意打开窗户进行通风。

衣物：不要穿、盖太多衣物，以防宝宝过热，诱发呼吸困难。

休息：一定要让宝宝休息好。宝宝安静时可以平卧，要注意每隔 2 ~ 3 小时帮宝宝翻一次身，仰卧、左右侧卧交替进行，以防肺部长时间受压。

饮食：最好吃母乳，如果是人工喂养，可将配方奶调得稀一点，少量、多次地喂给宝宝，同时给宝宝适量补水。

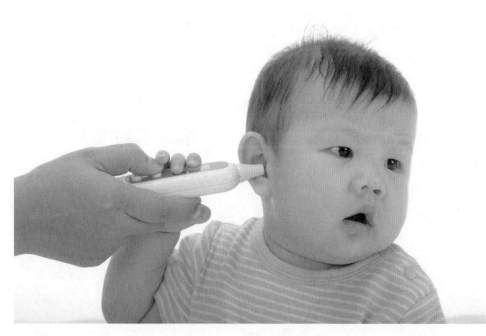

踢被子：从五个方面检查

宝宝夜里睡觉时喜欢踢被子，容易因着凉而感冒，弄得大人一夜担心，睡不安稳。宝宝睡觉时小脚丫不安分，往往与妈妈照护不当有关。所以，先来检查一下，宝宝的睡眠环境中是否存在这些"不安定"因素呢？

被子

有的妈妈因为担心宝宝着凉而给宝宝盖得过厚过重，结果宝宝睡得闷热、出汗，自然会不自觉地把被子踢开来透透风。应该给宝宝选择轻软的被子，特别是开着暖气睡觉时。

睡衣

"给宝宝穿多些，就是踢了被子也不容易受凉"这样的做法并不好。宝宝穿得厚，不舒服，容易感到热，就更可能踢被子了。还有的宝宝穿的是化纤面料的睡衣，面料不透气，宝宝也容易踢被子。正确的做法是给宝宝穿透气、吸汗的棉质内衣睡觉。

睡姿

宝宝睡觉如果喜欢把头蒙在被子里，或将手压在胸前，很可能会因过热或做噩梦而把被子踢掉，所以最好让宝宝养成侧睡的习惯。

盖被方法

在为宝宝盖被子的时候，不妨让宝宝露出小脚丫（但一定要给宝宝穿袜子），这样可以让宝宝感觉比较舒服。如果宝宝觉得凉的话，会自己把脚缩回去。

睡眠准备

晚饭不要让宝宝吃得过饱。入睡前，不要让宝宝做剧烈的活动，也不要把宝宝逗弄得很兴奋。在宝宝睡觉时，要调暗房间的灯光，保持室内安静。不然，宝宝会睡眠不安，手脚乱动，从而把被子踢掉。

游戏：飞高高

游戏目的： 锻炼平衡能力，培养勇敢精神。

游戏准备： 宝宝情绪良好时。

游戏过程：

1.妈妈和宝宝面对面地坐在地板上，将宝宝举起的同时，妈妈顺势躺下，并将宝宝举到自己的上方。

2.妈妈也可以仰躺在地板上，双腿蜷曲起来，让宝宝趴在自己的小腿上，抓稳宝宝，然后抬起或者轻轻摇晃自己的小腿，让宝宝产生在空中飞翔的感觉。

3.进行游戏时，妈妈可以给宝宝唱下面的儿歌：

> 我是一只小小鸟，
>
> 只会蹦蹦跳，
>
> 如果我要长大了，
>
> 飞得高又高。

这个游戏看起来有点冒险，不过却培养了宝宝的勇敢精神。只要妈妈牢牢地抓紧宝宝，动作幅度也不太大，就不会有危险。宝宝会非常喜欢这个游戏，因为"飞翔"的感觉总是让人非常开心。

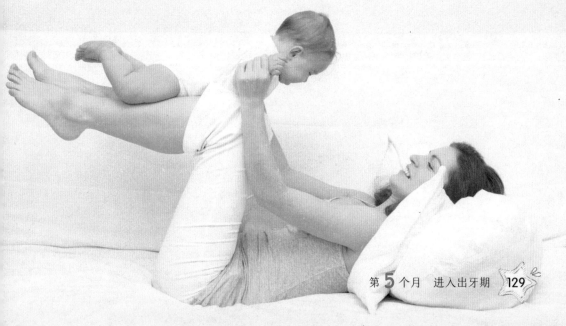

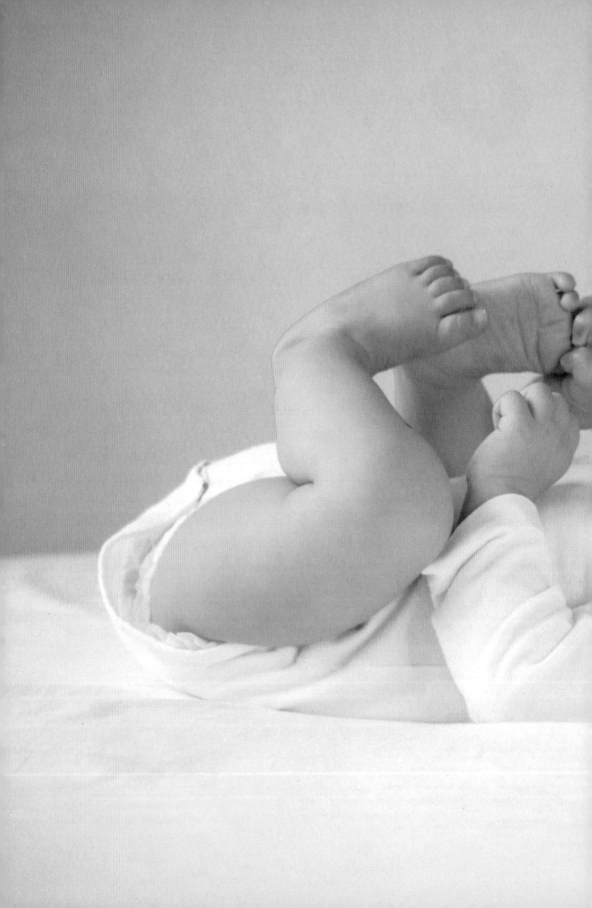

第 **6** 个月

能发出 "ma"
"ba" 的音

第151天

宝宝的生理、感觉、心理发育

生理发育

	男宝宝	女宝宝
体重	8.52±0.95（千克）	8.13±0.80（千克）
身长	69.00±2.00（厘米）	67.00±1.50（厘米）
头围	44.00±1.20（厘米）	42.80±1.30（厘米）
胸围	43.40±3.70（厘米）	42.20±3.30（厘米）
牙齿	大多数宝宝在本月萌出1颗乳牙（下边的门牙）	

感觉发育

·会用表情表达想法，能辨别亲人的声音，能认识妈妈的脸，能区别熟人和陌生人，不让生人抱。

·视野扩大了，对周围的一切都很感兴趣。

·会翻身了，如果扶着，能够站得很直，并且喜欢在扶立时跳跃。

·可以和妈妈对话，独处时，可以大声地发出简单的声音，如"ma""da""ba"等声音。

·凡是双手所能触及的物体，都要用手去摸一摸。

·凡是双眼所能见到的物体，都要仔细地瞧一瞧。

心理发育

·见了熟人，会有礼貌地"哄"人，向熟人表示微笑。

·高兴时，会眉开眼笑、手舞足蹈、咿呀作语，不高兴时会用噘嘴、摔东西来表达内心的不满。

·当妈妈离开时，会表现出害怕的情绪。

·喜欢抚摸、敲打东西，并把拿在手里的任何东西都放进嘴里品尝一下其味道和质地。

·开始出现对食物的偏好，对食物的任何变化都会表现出非常敏锐的反应，会出现对新食物恐惧的现象。

母乳喂养：增加白天的奶量

到了第6个月，宝宝开始进入身体发育的黄金时期，白天的睡眠大大减少，一般上午睡1~2个小时，下午睡2~3个小时，夜间甚至可以一觉睡到天明。

因此，可以增加白天的喂奶量，晚上如果宝宝不醒，可以直接断掉夜奶。能吃的宝宝奶量会增多，但放任宝宝吃很容易使宝宝成为肥胖儿，因此不管宝宝多么能吃，每天的总奶量应该控制在1 000毫升以内，母乳喂养的宝宝，大多数每天5次奶，每次大约是200毫升。

添加辅食正是好时机

宝宝满6月龄时是添加辅食的最佳时机。宝宝满6月龄后，纯母乳喂养已无法再提供足够的能量，以及铁、锌、维生素A等关键营养素，因此必须在继续母乳喂养的基础上引入不同口味、不同质地的辅食。

过早添加辅食，容易因宝宝消化系统不成熟而引发胃肠不适，进而导致喂养困难或增加感染、过敏风险。过早添加辅食也是母乳喂养提前终止的重要原因，并且是儿童和成人期肥胖的重要风险因素。过早添加辅食还可能因进食时的不愉快经历，影响婴幼儿期的进食行为。

过晚添加辅食，则会增加宝宝缺乏蛋白质、铁、锌、碘、维生素A等营养素的风险，进而导致营养不良以及缺铁性贫血等各种营养缺乏性疾病，并造成不可逆的不良影响。过晚添加辅食也可能造成喂养困难，增加食物过敏风险等。少数宝宝可能由于疾病等特殊情况需要提前或推迟添加辅食。这些宝宝必须在医师的指导下选择辅食添加时间，但一定不能早于满4月龄，并在满6月龄后尽快添加。

添加辅食的信号：可准备，但不必强加

妈妈可以多观察宝宝，看宝宝是否有吃辅食的意向，如果宝宝发出一些明确的吃辅食的信号，表示他准备好添加辅食了，就可以尝试着添加辅食。

停止"伸舌反射"

很多妈妈都发现刚给宝宝喂辅食时，宝宝常常把刚喂进嘴里的东西吐出来，于是认为是宝宝不爱吃。其实宝宝这种伸舌头的表现是一种自我保护的本能，称为"伸舌反射"，说明喂辅食还不到时候。如果宝宝不再用舌头把食物顶出嘴外，说明宝宝已经为添加辅食做好准备了。

对大人吃的东西感到好奇

当宝宝开始对大人吃饭感兴趣，大人咀嚼的时候，宝宝会盯着看，有时小嘴还会发出"吧唧"声，像只小馋猫一样，表示可以考虑添加辅食了。

宝宝的身体发育成熟

这个月龄的宝宝能控制头部和上半身，能够扶着或靠着坐，胸能挺起来，头能竖起来。

宝宝有吃不饱的表现

宝宝原来能一夜睡到天亮，现在却经常半夜哭闹，或者睡眠时间越来越短；每天母乳喂养次数增加到 8 ~ 10 次或喂配方奶 1 000 毫升，但宝宝仍处于饥饿状态，一会儿就哭，一会儿就想吃。当宝宝出现这些情况时，提示可尝试添加辅食。

咀嚼动作发育

宝宝的口腔和舌头是与消化系统同步发育的，要开始吃辅食，宝宝应该能够把食物顶到口腔后部并吞咽下去。随着宝宝逐渐学会吞咽，妈妈可能会注意到宝宝流出来的口水少了。宝宝也可能会在这时开始长牙。

吃辅食前可简单测试

如果舀起食物放进宝宝嘴里，他会尝试着舔进嘴里并咽下，显得很高兴、很好吃的样子，这时可以放心给宝宝喂食；如果宝宝将食物吐出，把头转开不想吃，表示宝宝还没有做好准备，一定不能勉强，要隔几天再试试。

给宝宝添加辅食的信号不应当单一地看，多方面综合考虑才能准确判断宝宝的真实意向。

第一顿辅食：市售婴儿营养米粉最宜

之所以推荐第一顿辅食吃婴儿营养米粉，一方面是为了避免发生过敏，另一方面是为了补充铁，保证宝宝正常的生长发育。

只有市售婴儿营养米粉才是强化铁的米粉

0～6个月宝宝每天需铁量为0.27毫克，7～12个月增至11毫克；而每升初乳中含铁0.5～1.0毫克，成熟乳中也仅含铁0.3～0.9毫克。由于胎儿时期，宝宝通过胎盘摄取并储存了可供使用4～6个月的铁，因此出生后4～6个月不必担心宝宝缺铁的问题。

但是满6个月后，母乳喂养再好的宝宝也应当考虑添加富含铁的辅食了，否则会增加宝宝缺铁的机会，出现贫血的可能性就会明显增加。如果怀疑宝宝贫血，可以通过去医院检查血常规判断是否存在贫血。

婴儿营养米粉是富含铁的婴儿辅食，符合宝宝初加辅食的需要。强调选择市售婴儿营养米粉，是因为只有市售婴儿营养米粉才是含强化铁的米粉，自家磨的米粉成分与大米相同，不能满足宝宝对铁的需求量，因此千万不要走入自磨米粉更安全、更营养的误区。

米粉的冲调

米粉冲调不像配方奶冲调那么严格，一般根据宝宝的咀嚼能力来调配水和米粉的比例更合适。宝宝刚开始吃米粉可以冲得稀一点，随着吃的时间增多，可以冲调得稠一些。

冲调米粉的水温要注意最好是70～80摄氏度，水温太高，米粉中的营养容易流失；水温太低，米粉不易溶解，会有小结块，可能还会导致宝宝消化不良。

加辅食原则：一定要循序渐进

1.让宝宝逐步适应：先试一种辅食（如米粉），经3~7天适应后再试另一种（如麦粉），逐步扩大品种。在宝宝"试吃"阶段要注意是否有过敏现象（如皮肤出疹、腹泻、呕吐等），如果有过敏现象应停喂。

2.辅食要由稀到稠、由淡到浓：开始冲调米粉时要冲得稀一些，容易吞咽，宝宝适应之后再逐渐增加其浓度。

3.辅食的量从少到多：一种辅食适应之后，可以逐渐增加其量。

4.辅食要由细到粗：细嫩的食物容易吞咽、消化，如先用菜叶制成菜泥喂宝宝，以后逐渐可以将菜剁得粗一些，制成碎菜。

辅食中的蛋白质和纤维素都需要水分参与消化，所以对于已经添加辅食的宝宝，父母应及时给宝宝补充水分。

宝宝吃到肚子里的东西，有可能会引起宝宝的皮肤或消化系统过敏，所以专家建议妈妈在为宝宝添加辅食的时候，一定要采用一次一种、循序渐进的方式，从清淡、容易消化的蔬菜和水果开始。这样一来，如果出现食物过敏，就可以很快地找出原因。容易引起过敏的食物有：蛋白、小麦、豆类，包括花生酱、牛奶、柑橘类果汁也可能会引起皮肤过敏。

辅食食谱：本月可尝试的

🍼 香蕉泥

材料：

中等大小的香蕉 1/4 根。

做法：

1. 把香蕉去皮。

2. 用勺子将香蕉肉压成泥状即可。

🍼 土豆泥

材料：

土豆 2 ～ 3 小片，米汤 1 大匙。

做法：

1. 土豆洗净、去皮，放入锅中煮熟或蒸熟。

2. 用勺子将土豆研成泥。

3. 加入米汤，搅拌成糊即可。

🍼 胡萝卜糊

材料：

胡萝卜 1 根（约 100 克）。

做法：

1. 胡萝卜洗净、削皮，切成小块，放入小碗中，上锅蒸 15 分钟左右至熟软。

2. 将蒸好的胡萝卜用勺背压成糊状即可。

喂辅食：要形成一套程序

从第一顿辅食开始就要培养宝宝进食的规矩，让宝宝知道下一步将会发生什么，他会更愿意配合。因此从第一顿辅食开始就形成一整套程序、规矩，对以后成功加辅食和培养宝宝良好的进食习惯很重要。

希望以后让宝宝怎样吃饭，第一顿辅食就可以怎样做

吃辅食最好是在固定的地点、固定的时间，走固定的程序。吃辅食前，妈妈可以先把宝宝放在婴儿车里或者婴儿餐椅里，然后摆好进餐板，再给宝宝围上围嘴，准备程序完成了，就可以尝试喂辅食了。

1. 不要将宝宝放置于游戏区域、电视播放区域等容易分散宝宝注意力的地方，妈妈需要让宝宝从小就明白：吃饭就是吃饭，不是玩游戏、看电视的时候。

2. 喂食时间最好选择和成人吃饭同步的时间，比如早、中、晚三餐时，宝宝看到家人都在吃，如果家人此时再做出一些很夸张的进食动作，宝宝会对家人口中的食物产生强烈的兴趣。

3. 小碗和小勺的颜色要不同，最好还要存在巨大反差，比如红色、黄色搭配，这样能吸引宝宝的注意力。而且宝宝在吃饭的时候，能够感觉到勺子的运动轨迹（从小碗里→再到嘴里→取出来后再回到碗里），这会让宝宝对吃饭充满兴趣。

4. 5 ~ 6个月的宝宝可以坐立了，应将宝宝放在餐椅里，围上围嘴，在宝宝的碗里放上为他单独做好的辅食，让他和家人一起吃。

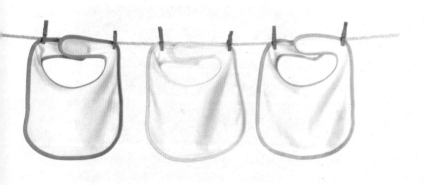

不肯用勺子：多因缺乏练习

宝宝不喜欢吃勺子里的食物，可能是宝宝已经习惯了从乳头或奶嘴中吸吮乳汁，对硬邦邦的勺子感到别扭，也不习惯用舌头接住食物往喉咙里咽的缘故。解决问题的办法很简单，就是通过多次重复，让宝宝对勺子熟悉起来。

宝宝这个时期学得最快，只要妈妈稍加训练和指导，就会很快学会用勺子。一旦错过这个时期，后面可能需要花几倍的时间才能让宝宝学会用勺子。

1. 宝宝有吃手的动作，说明宝宝具备咀嚼食物的能力了，妈妈就可以开始训练宝宝咀嚼吞咽的能力。

2. 咀嚼动作需要舌头、面颊肌、牙床（牙齿）、嘴唇彼此的协调运动才能完成。妈妈可以考虑宝宝的月龄，在保证营养平衡的前提下，还要考虑食物的硬度、柔韧性、松脆度，为口腔肌肉提供不同的刺激，促进咀嚼和吞咽功能的发展。

3. 宝宝现在开始尝试各种滋味的食物，学会接受用勺吃饭。妈妈可以喂宝宝一些米粉，量从少到多，一周内宝宝适应了再添加其他辅食。

4. 妈妈可以用小勺刮苹果泥喂宝宝。

5. 如果宝宝不肯吃勺子里的食物，妈妈可以用小勺盛上一些乳汁喂宝宝，也可以用勺子给宝宝喂食，让宝宝慢慢地习惯从勺子中吃东西。等宝宝喜欢上用勺子喝奶、喝水时，再用小勺给宝宝喂食物，宝宝就不会再拒绝了。

第159天

牙齿生长：有益的营养素

5～6个月的宝宝有的已经开始长乳牙，为了促进乳牙的生长，维护宝宝的牙齿健康，可以给宝宝添加一些富含对乳牙有益的营养素的食物，帮助宝宝长出一口漂亮坚固的小牙齿。

钙、磷

钙、磷是宝宝牙齿生长必不可少的营养素，一旦缺乏就会使宝宝的牙齿生长缓慢、硬度不够，还比较容易断，所以，宝宝长牙期间应摄入足够的钙和磷。

蛋黄、奶制品中所含的钙比较丰富，肉、鱼、豆类、谷类、各类蔬菜中含的磷比较丰富，父母可以根据宝宝的情况进行搭配，制作出既让宝宝爱吃、营养又丰富的食物。

蛋白质

蛋白质摄入不足会造成宝宝出牙延迟、牙齿排列不齐，甚至引起牙周组织病变和龋齿，所以必须保证摄入足量蛋白质。

母乳、配方奶、鱼、肉、豆制品等食物中含有丰富的蛋白质，应该让宝宝多吃。

维生素A

维生素A能维持宝宝全身上皮细胞的完整性，如果缺乏，宝宝的上皮细胞会过度角化，导致出牙延迟，还会影响牙釉质细胞的发育，使宝宝的牙齿变成白垩色。

鱼肝油中含有丰富的维生素A，父母可酌情为宝宝补充。此外，胡萝卜、雪里蕻、油菜等蔬菜中也含有一定的维生素A，父母可以把这些食物制作成适合宝宝吃的辅食。

维生素C

缺乏维生素C会导致宝宝牙齿发育不良，牙龈容易水肿，也是宝宝出牙期间必不可少的营养素。

苹果、山楂、圆白菜、大白菜、菠菜、西红柿、土豆等新鲜水果、蔬菜含有丰富的维生素C，可根据实际情况用它们为宝宝制作辅食。

维生素D

维生素D可以提高人体对钙、磷的吸收利用率，促使钙、磷在牙胚上沉积钙化。如果缺乏维生素D容易导致出牙延迟、牙齿小、牙距过大，对宝宝的成长不利。

鱼肝油中含有丰富的维生素D，父母可在医生指导下酌情为宝宝补充。

出牙：一般 6～8 个月出第一颗乳牙

宝宝 6～8 个月时，会出现流口水、用手抠嘴巴、烦躁不安等情况，看起来十分痛苦，那就是他在长牙了，首先会长出下面中间的门牙，接着长上面中间的门牙，以每个月增加一颗的速度萌出。

出第一颗乳牙时的症状

长牙期间宝宝会有一些异常表现，不同的宝宝表现也不同，总体来说主要有以下 8 个方面。

1. 疼痛：宝宝可能表现出疼痛和不舒服的迹象。

2. 暴躁：牙齿带来的不适会让宝宝变得脾气暴躁和爱哭闹，在出牙前一两天尤其明显。

3. 脸颊发红：宝宝的脸颊上可能出现红色的斑点。

4. 流口水：出牙时产生的过多唾液会让宝宝经常流口水。

5. 啃、嚼或咬东西：把任何东西放到宝宝嘴巴附近，他可能会出现以上动作。

6. 牙龈肿胀：检查一下宝宝的嘴巴，看看牙龈上是否有红肿或肿胀。

7. 睡不安稳：宝宝可能会在半夜醒来，并且看起来烦躁不安，尽管他之前一直睡得很安稳。

8. 体温升高：出牙能使体温稍稍升高，所以宝宝可能会觉得比平时热一点。

宝宝出牙时怎么护理

1. 按摩宝宝牙床：父母可以用手指轻轻按摩一下宝宝红肿的牙龈，如此可让宝宝觉得较舒适。

2. 准备凉的、柔软的食物：如果宝宝不愿意吃东西、没有胃口，则可以为宝宝准备一些凉的、柔软的食物。

3. 给予适当"器具"：在长牙时期，宝宝一般会喜欢咬硬的东西，为防止宝宝乱抓乱咬，父母可以为他准备胡萝卜、苹果或稍有硬度的蔬菜，同时注意不要让宝宝咬太多而被噎到，也要注意不要让宝宝拿到硬币、花生、小玩具等易吞入的东西。

4. 适时的呵护与关怀：在刚开始长牙期间，宝宝更需要父母的呵护及关怀，如此可安抚宝宝的情绪，让宝宝感觉温暖与舒适。

第161天

游戏：滚小球

游戏目的：培养宝宝的注意力，促进宝宝视觉远近调节能力的发展。

游戏准备：准备一些颜色鲜艳的彩色小球。

游戏做法：

1.父母对坐在床上，母亲将宝宝抱坐在怀里。

2.母亲先拿起一个小球逗引宝宝，然后将小球放在床上，使它滚向父亲；父亲拿到球后，再将小球放在床上滚回母亲身边。

3.如此反复进行，直至滚完所有小球。

游戏：打水花

游戏目标：体验玩水的快乐，锻炼四肢力量。

游戏准备：浴盆1个，小水瓢、小黄鸭等洗澡玩具。

游戏过程：

1.给宝宝洗澡时，把浴盆的水装得半满，让宝宝站在浴盆中，妈妈扶着宝宝，让宝宝一下一下地用脚踩出水花。

2.让宝宝坐在浴盆中，两手交替拍打水面，拍打出水花。

3.宝宝离开浴盆后，让宝宝抓住小黄鸭等玩具，然后松手，让玩具像人跳水一样自由落入水中。

4.给宝宝一个小水瓢，然后从浴盆中舀出水，然后从高处倒下，就像瀑布落入潭中一样。

5.游戏进行时，妈妈可以给宝宝哼唱下面的儿歌。

小脚蹬，小手拍，
啪啪啪，小水花，
浪花一朵朵，
花开又花落。

自己拿奶瓶：要鼓励并训练

5～6个月的宝宝突然想变得"独立"，想伸手去捧着奶瓶，这是一个信号，说明可以鼓励并训练宝宝自己拿奶瓶喝奶。

学会拿奶瓶的两种方法

1.有些宝宝六七个月大就会爬了，这时可以在宝宝喝奶前，把奶瓶拿给他看，让他伸手抓握，通过他自己的意愿来拿奶瓶。如果在宝宝吃饱后再使用这种方法，就很难激发宝宝想拿奶瓶的意愿和冲动，也就达不到很好的训练效果了。

2.利用外观漂亮的奶瓶来吸引宝宝的注意，这也是一种不错的训练方法。妈妈可以选择颜色鲜艳或有可爱图案的奶瓶，吸引宝宝的注意力。不过，在选购时要选择质量合格的奶瓶，不要因为材料不合格引发中毒事件。

训练宝宝的抓握能力

若宝宝不喜欢自己拿奶瓶，妈妈不要强迫宝宝，因为不同的宝宝在生长发育上还是会有一些差异，妈妈不要太着急，可以先培养宝宝的抓握意识。

一般的奶瓶没有把手，所以想要训练宝宝的抓握能力，可以在喂奶时，帮助宝宝把手放到奶瓶上，但是要注意奶瓶温度适中，以免烫伤宝宝。

套上把手

如果没有充足的时间，也可以买那种有把手的奶瓶，帮助宝宝将手扣在把手上训练抓握，让宝宝慢慢学着适应。

在训练宝宝自己拿奶瓶时，妈妈要注意不要让宝宝躺着喝奶，避免宝宝吸入空气而吐奶。

选鞋子：外出可给宝宝穿鞋

宝宝6个月了，妈妈带宝宝出去遛弯，发现宝宝的脚有时很冷，说明需要给不会走路的宝宝穿鞋子了，避免宝宝着凉而感冒。

如何给宝宝挑选鞋子？

1. 妈妈在给宝宝选择鞋子时，应选择比宝宝的脚大0.5厘米的鞋子为宜，因为宝宝的脚生长很快，一般几周就要换一双鞋子。

2. 不要选择太大或太小的鞋子，太大的鞋子宝宝穿着不舒服，太小的鞋子会压迫脚趾骨，影响宝宝的生长发育。

3. 虽然5～6个月的宝宝不会走路，但鞋底也一定要是轻薄、能防滑的软鞋底。

4. 鞋面要是柔软光面的，没有任何装饰；鞋头圆形或宽头，这样脚趾有一定的活动空间，妈妈不要给宝宝选择尖头、窄头的鞋。

5. 鞋子后面也要留有一点空间，避免宝宝仰卧平躺时，因脚蹬踹产生摩擦而受伤。

6. 鞋子要轻，鞋帮要高一些，一方面可以保暖，另一方面可以保护脚踝。

7. 尽量选择牛皮和帆布面料的鞋子，因为这类鞋透气、轻便，吸汗性比别的材质更好，合成材料、塑料材质最好不要选，不仅闷脚，一不小心还会磨出水疱。

游戏：学坐

游戏目的：锻炼大动作能力、手脚协调能力。

游戏准备：在宝宝清醒时，让宝宝仰卧，然后拉着妈妈的手，慢慢地坐起来。此时的宝宝坐得很不稳当，摇摇晃晃，却会玩得很开心。

游戏做法：妈妈可以让宝宝仰卧在床上，并用双手轻轻地拉住宝宝的上臂或扶着宝宝的腋下让宝宝慢慢坐起来，在宝宝身后放一些坐垫，让宝宝靠着坐 1 分钟，然后妈妈再帮助宝宝仰卧在床上，每天重复练习 2 次，待宝宝适应后再慢慢延长坐的时间。

妈妈可以用双手托住宝宝的腋下，将宝宝的两腿分开成 45 度，身体略微向前倾斜，宝宝就可以坐稳了。

妈妈也可以在宝宝面前放一个玩具，让宝宝伸手去够，可以锻炼宝宝的前倾力量，这样也会有利于宝宝坐得更稳。

练习坐时，妈妈可以给宝宝唱儿歌：

拉大锯，扯大锯，

姥姥家门口唱大戏。

接闺女，看女婿，

宝宝哭着也要去。

社交: 与人打招呼

教宝宝与人打招呼是宝宝社会交际的开始，妈妈早一点教宝宝练习，宝宝不仅学会了语言，也变得越来越有礼貌。妈妈要把握宝宝喜欢与别人打招呼的时期，也就是宝宝开始认人期间，稍微加以训练，宝宝很容易就学会。

如何教宝宝与人打招呼？

1.妈妈最初可以教宝宝与人相遇时打招呼，将宝宝的右手举起来，教宝宝用手势打招呼。同时，妈妈再教宝宝说"你好"，并不断地重复说"你——好，你——好"，让宝宝看妈妈说话的嘴唇运动，宝宝的嘴就会模仿妈妈的嘴唇运动，慢慢地就学会了打招呼。

2.妈妈可以在每天爸爸上班时，抱着宝宝，对宝宝说："爸爸要上班了，和爸爸说'再见或拜拜'。"同时帮宝宝举起小手，挥动几下。

3.妈妈经常带宝宝出去玩，遇到小区内熟悉的人时，妈妈首先打招呼，然后教宝宝与熟人打招呼，说"你好"，并举起宝宝的小手挥一挥。妈妈与熟人聊上几句，然后说"再见"，也要教宝宝与熟人说"再见"，并举起宝宝的小手挥动几下。

4.教宝宝看着对方的眼睛，带着笑容大声地打招呼，这是基本的礼貌和尊重。

妈妈看到宝宝现在不喜欢与别人打招呼，不要太着急，宝宝躲避陌生人是正常现象。过一个月左右，宝宝就会变得更大方了。

游戏：早与晚

游戏目的：培养宝宝的时间观念，让宝宝体会到白昼和黑夜的差别，培养宝宝良好的作息规律。

游戏准备：不需特别准备，只要确定好时间就可以了。

游戏做法：清晨宝宝睡醒后，父母抱着宝宝走到窗边，让宝宝接受阳光的照射，并告诉宝宝："天亮了，太阳出来了，现在是白天，宝宝该清醒了。"

天黑后，父母抱着宝宝走到窗边，让宝宝看窗外的黑夜、天上的月亮和星星、地上的灯火，并告诉宝宝："天黑了，太阳落山了，月亮、星星出来了，宝宝该睡觉了！"然后再抱着宝宝回到床上，帮宝宝脱掉衣服，哄宝宝入睡。

第 **6** 个月　能发出 "ma" "ba" 的音　**147**

宝宝扔玩具时：不要生气

很多父母会发现六七个月的宝宝特别喜欢扔玩具，比如把一个玩具放到宝宝的手里，结果宝宝拿起来之后，一下子就给扔在地上了，这个时候父母往往认为宝宝是调皮捣蛋，其实这背后是有原因的。

🍼 宝宝乱扔东西是怎么回事？

宝宝扔东西，并不是故意惹妈妈生气，而是宝宝身体发育的需要。宝宝手动作的发育不成熟，还不会将手中拿的东西放下。宝宝最初是无意中将玩具扔掉的，这是正常现象。

宝宝扔过几次后，会对扔玩具到地上很感兴趣，若宝宝的手部肌肉发育成熟，宝宝能随时松手了，就会出现妈妈刚把玩具递给宝宝，宝宝就松开手让玩具掉到地上的现象。

随着宝宝身心不断地发展，宝宝开始有意识地扔玩具，并注意玩具落地的瞬间以及妈妈的反应，这就是宝宝在和妈妈玩扔玩具的游戏。

宝宝通过扔东西锻炼眼、手的协调能力，对宝宝听觉、触觉和肌肉运动都有促进作用，同时也开发了智力。

父母要理解、接纳宝宝的这种行为，找机会让宝宝多玩这一类的游戏，可以给宝宝一些耐摔、不易碎的玩具，如皮球、积木、塑料玩具；让宝宝通过游戏来认识、区分这些东西。

宝宝喜欢扔东西时，妈妈为了避免弯腰捡，可以在玩具上系一根线绳，另一端系在妈妈的手指上。宝宝每次扔掉玩具之后，妈妈将玩具提起就可以了。

有的妈妈看到宝宝不停地扔东西很生气，就对宝宝发脾气，宝宝很紧张，想扔又不敢扔，呆呆地坐在那儿，宝宝和妈妈玩的游戏就会停止，不利于亲子关系的建立。

发音：会发简单的 "ma" "da" "ba" 等音节

此时的宝宝已经可以发一些简单的音节，如"da""ba""na""ma""pa"等，还很喜欢咿咿呀呀地和大人"对话"，独处时也喜欢自言自语。

🍼 抓住一切机会多和宝宝说话

给宝宝喂奶和护理时，母亲可以教宝宝认识奶瓶、小被子、衣服、手绢等物品；晚上，父母可以教宝宝认识灯；和宝宝一起玩玩具时，父母还可以教宝宝认识玩具，给宝宝讲一讲各种玩具的特点和玩法。

还可以多给宝宝唱歌、念童谣，甚至可以给宝宝讲一些儿童故事，朗读一些文学作品等。尽量使宝宝接受丰富的语言刺激，这对宝宝早日学会说话是很有帮助的。

宝宝有着惊人的语言接受能力，会将听到的许多话语储存在大脑中，并在它们的刺激下促进听觉和发音器官的发展，促使自己早日学会说话。

🍼 怎样积极回应宝宝

1.鼓励：宝宝每发出一个音，父母都应报以微笑、爱抚、赞扬，这会鼓励宝宝发出更多的语音。当宝宝发出语音来吸引大人注意时，父母应立即用语音来回应宝宝，让宝宝体验被理解、被关注的喜悦，宝宝想说话的欲望会更强烈。

2.模仿：父母模仿宝宝的声音，宝宝说什么，父母也说什么，让宝宝知道父母听到了自己的声音并且很感兴趣，愿意继续交谈下去。宝宝会因此感到自己的发音受到重视。

3.谈话：父母要坚持用自己的语言来刺激宝宝，每天主动跟宝宝多讲讲话，这既能传递对宝宝的爱，又能使宝宝近距离地观察大人讲话时的口舌运动，以便模仿发音。当宝宝的视线停留在某处并表现出兴趣时，父母应立即回应。此外，在与宝宝讲话时，应配合一定的动作，这样有利于宝宝较快地配合动作学会发出相应的语音。同样，当宝宝发出某一语音时，父母可同时指引宝宝看具体的实物，逐渐引导宝宝将实物和语音联系在一起。

第 **169** 天

食物过敏：以湿疹为主要表现

有些妈妈已经开始尝试给宝宝添加辅食，有一些宝宝会对新添加的食物产生过敏现象，妈妈要仔细观察。

🍼 食物过敏

食物过敏一般是宝宝吃了某种食物 2 小时之内出现过敏症状，偶尔会几小时或几天后出现症状。

食物过敏的主要症状是局部皮肤肿胀，出现荨麻疹、湿疹，呼吸困难，有的宝宝会出现消化道症状，如呕吐或腹泻，严重的会危及生命。

在添加辅食过程中，最容易引起宝宝过敏的食物有：蛋清、牛奶、花生、大豆、鱼（金枪鱼、三文鱼、鳕鱼）、虾、蟹、贝类等。

🍼 湿疹与过敏有很大关系

对小婴儿来说，最容易引发湿疹的原因是对牛奶、鸡蛋等过敏；多从脸部开始起疹子，严重时全身都可出现湿疹；表现为皮肤粗糙、有脱屑，严重时出现红肿、渗水，皮肤痒感明显，宝宝常用手抓挠。

发现这种情况，应排查可能引起宝宝过敏的食物，妈妈需要回忆在宝宝长湿疹前，吃了什么新食物，应避免再次食用。

添加辅食的宝宝，每添加一种食物（比如蛋黄、肉泥等），要留意观察 3 天，看看宝宝有没有过敏、起湿疹。如果有过敏，要及时停掉，3 个月后再尝试添加。

秋季腹泻：强传染性疾病

秋季腹泻是一种轮状病毒感染引起的肠道疾病，以腹泻和呕吐为主要症状，因为好发于秋季而得名。秋季腹泻的传染性很强，主要感染对象为 5 岁以下的婴幼儿，6 ~ 24 个月的婴幼儿是秋季腹泻的高危人群。

秋季腹泻的临床症状

秋季腹泻通常有 1 ~ 3 天的潜伏期，然后宝宝会出现发热、呕吐，有些宝宝会出现流鼻涕、打喷嚏、咳嗽等类似感冒的症状。呕吐持续 2 ~ 3 天，宝宝便开始腹泻。

秋季腹泻的腹泻症状比较有特点：

1. 腹泻次数很多，多的能达到每天 20 次，次数少者每天也可达 10 次。

2. 这种腹泻一般是喷射状泻出，每次的大便量比较多，呈水样或蛋花汤样，颜色为淡黄色或乳白色，没有脓血。

3. 如果父母取宝宝的大便到医院化验，结果一般显示为正常（或有少量白细胞）。

秋季腹泻的病程为 8 ~ 10 天，腹泻期间宝宝很容易出现脱水和电解质紊乱，严重时会引起中毒性脑炎、心肌炎、肠套叠等并发症。

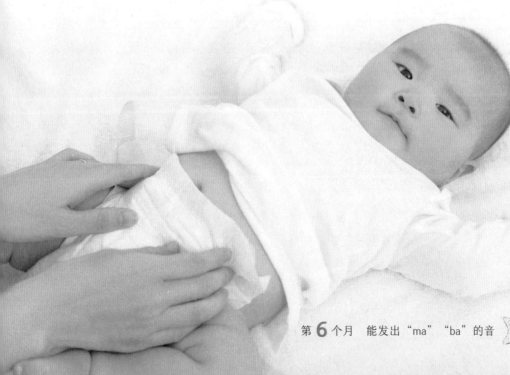

　　一旦宝宝患上秋季腹泻，父母应密切观察宝宝的大便形状、次数，以及有无口渴、尿少、眼窝及囟门凹陷、皮肤弹性差、精神萎靡等脱水表现，尽早带宝宝到医院诊治，以免延误治疗。

💧 怎样护理患秋季腹泻的宝宝？

　　1.补水：为避免脱水和电解质紊乱，父母最好勤给宝宝喂服医院配制好的口服补液盐。如果宝宝不喜欢喝，也可以通过静脉滴注的方式为宝宝补充水分和盐。

　　2.饮食调理：如果一直在吃母乳，最好继续坚持母乳喂养，因为母乳有助于宝宝提高免疫力。如果宝宝吃配方奶，应适当减少吃奶量，加喂一些容易消化的面汤、米汤等淀粉类食物。如果宝宝已经开始吃辅食，蛋、菜、水果等辅食最好停喂，待腹泻减轻再开始食用。熬得黏稠的米汤有收敛止泻的作用，父母可以适当地喂宝宝吃一些。

　　3.臀部护理：频繁腹泻容易使宝宝出现"红屁股"。每次大便后，父母都要用温水为宝宝清洗干净臀部，并为宝宝涂上护臀膏进行保护。宝宝用过的尿布要及时清洗并进行消毒，以免出现交叉感染。

　　4.用药：秋季腹泻是病毒感染性疾病，使用抗生素治疗效果一般不明显，还容易使宝宝肠道的正常菌群比例失调，加重腹泻症状。所以，发现宝宝患秋季腹泻后，父母不要盲目使用抗生素，应带宝宝到医院诊治，在医生的指导下服药，以免延误或加重病情。

春季：享受日光浴

春暖花开的季节适宜带宝宝到户外活动，父母可以多带宝宝到户外进行日光浴。

阳光的照射可以促进宝宝体内活性维生素 D 的合成和对钙的吸收，提高宝宝的免疫力，帮助宝宝预防佝偻病、感冒、腹泻、支气管炎等疾病，还可以促进宝宝骨骼、牙齿的生长。多带宝宝进行日光浴，比给宝宝多做一顿辅食要重要得多。

日光浴应本着循序渐进、逐渐延长的原则进行，开始可以先晒手和脸，每日1～2次，每次5～10分钟，然后逐步扩大日晒的部位，日晒时间也逐渐延长。

如果实施了日光浴，宝宝维生素 D 的补充量可以适当减少，逐渐减少到每天300国际单位。接受日照增多可能引起血钙的降低，使宝宝出现低血钙症状。所以，开始进行日光浴后，父母可以酌情给宝宝补充钙剂。

第173天

游戏：抓住它们

游戏目的： 发展宝宝手部的抓握能力，促进宝宝手眼协调性的发展。

游戏准备： 准备一些色彩鲜艳的丝带和宝宝熟悉的、带声音的玩具。

游戏做法： 将玩具系在丝带上，在宝宝面前来回晃动，引导宝宝去抓丝带和玩具。

如果宝宝不会用手抓丝带，父母可以先把宝宝的手摊开，把丝带放到宝宝手中，让宝宝体验把丝带抓在手里的感觉，教宝宝学会抓丝带。

⊙ 贴心提示

6个月的宝宝的感知能力、语言能力、交际意识和交流能力都有了很大进步，已经变得很"能干"了。这时候，父母需要进一步对宝宝进行感官训练，通过各种探索活动和智力游戏来刺激宝宝的感知觉，引导宝宝用眼睛、耳朵、鼻子、躯干、双手来接触和认识世界，促进宝宝智能的进一步发展。

游戏：跑气的气球

游戏目的： 对宝宝进行触觉刺激。

游戏准备： 气球1个。

游戏做法：

1. 将一个气球充一些气，让宝宝玩一会。

2. 妈妈解开气球，捏住气球口，留一点点空隙，慢慢放出空气。

3. 空气放出时，将气球口对准宝宝的脚心、手心、脖子、脸等部位，缓缓移动，让宝宝体验吹风的感觉。

夏季：注意饮食卫生

夏天天气炎热，致病微生物比较活跃，宝宝容易生病，父母应在饮食方面多加注意，尽量保证饮食的卫生、合理，避免引起肠胃疾病。

为了做到这一点，父母应该在以下方面多加小心。

1.注意卫生：辅食最容易被细菌污染。给宝宝做辅食前，所有炊具都应该严格消毒，所有食材要充分清洗、浸泡，并注意避免二次污染。宝宝的餐具也要注意消毒。

2.辅食要现做现吃，不要给宝宝吃剩下的食物。

3.适当减少食量：夏季宝宝的消化功能会减弱，食欲会有不同程度的下降，最好适当减少辅食添加量。

4.不能吃冷的食物：天气再热也不能让宝宝吃过冷的食物，配方奶、辅食应该加热后再喂宝宝，不能让宝宝吃冷藏或冷冻的食物。

5.多喝白开水：多喝白开水才能预防中暑，果汁、菜汁、米汤都不能代替白开水。

⊙ 贴心提示

夏季如果饮食不当容易出现腹泻，若宝宝每天腹泻6次以上要及时去看医生，以免宝宝脱水。

湿疹、痱子：两者不一样

湿疹，俗称"奶癣"，是一种宝宝常见的皮肤炎症；痱子，是炎热天气最容易出现的皮肤炎症，很多父母分不清它们，进而做出错误的处理，导致越护理越严重。

怎样区分湿疹和痱子

	湿疹	痱子
1. 看皮疹形态	湿疹都是一片片的	痱子是一粒粒的
2. 看皮疹出现的部位	湿疹容易出现在有摩擦的部位或者关节处，比如脸、胳膊肘、膝盖等部位	痱子最容易出现在闷热、容易出汗的地方，比如脖子、腹股沟等部位
3. 看皮疹的变化	湿疹不经过恰当处理，不会变好，只会变坏	痱子只要温度一降低，就有改善
4. 看宝宝感觉（针对大宝宝，小宝宝不会描述）	湿疹发作时是痒的感觉	痱子是有些刺痛的感觉

湿疹怎么预防与应对？

湿疹处理原则很简单，就是去医院由医生处理，平时注意减少刺激，比如避免使用沐浴露、摩擦、温度太高或者太低等。

已患了湿疹的宝宝，妈妈应避免或减少食用鱼、虾、蟹等海鲜品或刺激性较强的食物，但千万不要盲目地停止母乳喂养。

痱子怎么预防与应对？

环境凉爽、干燥，痱子就会好转。在夏天，建议每天都给宝宝洗澡。

秋季：预防皮肤干燥

一到秋冬季节，天气转凉变得干燥，宝宝娇嫩的皮肤容易干燥甚至出现脱皮出血，让家长很心疼。那么，该怎么预防与应对秋季皮肤干燥呢？

加湿、保暖

秋冬季空气比较干燥，尤其是在北方，一定要用加湿器。另外要注重给宝宝加衣服保暖，水分是从皮肤的内部和真皮下供给的，只要皮肤没有机会失水，就不会干燥，所以护肤、保暖是很重要的。

嘴唇开裂出血

秋冬季气候干燥，宝宝嘴唇很容易出现干裂，与其他部位肌肤相比，唇部汗腺及油脂分泌很少，而且宝宝又喜欢舔嘴唇，不仅不能湿润嘴唇，反而会加速唇部的水分蒸发，使嘴唇更加干涩。干裂情况严重时，还会出血，这样非常容易影响宝贝的说话与进食。

最好的办法就是涂婴儿润唇膏，白天和晚上都应当涂抹。外出时可以佩戴口罩。

手足皲裂

由于婴幼儿的手足部位皮肤腺体还未发育完全，在干燥的季节就很容易出现手足皲裂，对于经常玩水的小朋友们来说就更容易出现皮肤干燥、脱皮、裂口等现象，严重时还会出现出血的现象。

因此在秋冬季节带宝宝外出时，要减少宝宝沾水的次数，洗手时不能用碱性洗手液、肥皂，并及时涂婴儿润肤露。

及时喝水

不要忘了给宝宝喝温开水——每两顿喂奶之间要给宝宝喂一次温开水，每次喝水量约为宝宝每顿奶量的三分之一，在天气干燥、宝宝哭闹后、喝奶后、出汗较多时，及时补充水分是非常必要的。

出牙期：容易出现的现象及应对方法

到了这个月，有的宝宝已经开始出牙了。出牙会引起宝宝牙床疼痛、流口水等一系列不适，父母应注意做好护理，为宝宝减轻痛苦。

流口水

大多数宝宝在出牙前2个月左右就会流口水。过多的口水容易刺激宝宝的皮肤，使宝宝长湿疹。

如果发现宝宝开始流口水，父母可以用软布为宝宝做几个围嘴来吸附多余的口水，并经常更换。为宝宝擦口水时，父母的动作要轻一些，并注意使用干净、柔软的毛巾，以免擦破宝宝的皮肤。

啃咬

宝宝出牙期最大的特点就是喜欢咬东西，这是宝宝缓解牙床不适的一种特殊方法。

当宝宝变得爱咬东西时，父母可以给宝宝一些磨牙饼、水果条等可以磨牙的食物，也可以让宝宝咬牙胶，帮助宝宝缓解出牙带来的不适。

发热

有些宝宝在牙齿刚萌出时会出现发热，只要不超过38摄氏度，宝宝精神好、食欲旺盛，那么只需多给宝宝喝些水就行了，不用进行特殊处理；如果体温超过了38.5摄氏度，并伴有烦躁、哭闹、拒奶等现象，父母应及时带宝宝去医院就诊，检查是否合并其他感染。

哭闹、烦躁不安

出牙引起的不适会使宝宝变得更爱哭闹，更容易烦躁。

这时，父母可以通过给宝宝新玩具、带宝宝和其他小朋友做游戏等方式安抚宝宝，还可以给宝宝一些可以啃咬的东西让宝宝啃咬，以此来转移宝宝的注意力。

拒绝进食

出牙期的宝宝在吃奶时很容易变得烦躁，有时因为很想把某个东西塞进嘴巴而显得很想吃奶，开始吃奶后又会因为吸吮使牙床疼痛而拒绝进食。

这时，父母可以将洗干净的手指伸进宝宝的口腔内帮宝宝按摩一下牙床，也可以让宝宝咬一咬牙胶。牙床的疼痛减轻后，宝宝会安静下来并开始吃奶。

牙床出血、血肿

有的宝宝出牙时牙床会出血，有时还会形成瘀青色的血肿。

这种血肿千万不能挑破，否则容易引起感染。父母应及时带宝宝到口腔科请医生诊治，防止继发感染。

第179天

冬季：适当补充维生素 D

对于婴儿这个特殊的群体来说，是非常需要维生素 D 的。

🍼 维生素 D 对于宝宝的生长发育具有非常重要的生理意义

维生素 D 与甲状旁腺共同作用，维持血钙的水平稳定；也是钙磷代谢的重要的调节因子之一，维持钙和磷的正常水平。这对正常骨骼的钙化、肌肉收缩、神经传导以及维持体内所有细胞的正常功能都是必需的，同时维生素 D 还具有免疫调节功能，可改变机体对感染的反应。

🍼 寒冷的冬季，适当补充维生素 D 非常重要

婴儿因处于快速生长发育期，对维生素 D 的需求量相对较大，而母乳中维生素 D 的含量较低。维生素 D 既可由膳食供给，又可经适宜阳光照射皮肤合成。家长应该常常抱宝宝到户外活动，接受适宜的阳光照射。

但是，在寒冷的冬季，阳光显著减少，适当补充维生素 D 对预防维生素 D 缺乏尤为重要，尤其是对于早产儿、双胞胎，以及人工喂养的宝宝来说，更应及时补充。如果宝宝缺乏钙，同时也缺乏维生素 D，那么就会出现骨软化症和佝偻病，表现为多汗、易惊甚至出现手足搐搦，久之骨质软化导致乒乓球头颅、肋缘外翻、X 形腿或 O 形腿等。

和冬季一样的还有梅雨季节，宝宝也要格外注意补充维生素 D。

🍼 具体补充方法

0～6 个月纯母乳喂养儿：在出生后 7～14 天，每天给予维生素 D 400～800 国际单位（南方地区梅雨季节每天 400～600 国际单位，北方地区寒冷的冬季每天 600～800 国际单位）。

7～12 个月母乳喂养儿：每天需要补充维生素 D 400 国际单位。因为这个阶段的宝宝已经添加辅食，一般婴儿食品厂生产的食品都添加了维生素 D 等一系列的营养素，因此也要计算上所吃辅食中维生素 D 的含量，不足的部分才是需要补充的。

1～3 岁仍然吃母乳的宝宝：每天给予维生素 D 400 国际单位。

多陪伴：宝宝害怕寂寞

6个月左右的宝宝会躲避陌生人了，宝宝的情绪有了很大的变化，妈妈要多花一些时间陪陪宝宝，亲近宝宝，不要冷落宝宝，也不要无意中伤害了宝宝脆弱的心灵。

怎样陪伴宝宝？

1. 妈妈千万不要认为宝宝太小，什么都不懂，就一直在单位忙自己的工作，或者在家忙自己的事，其实，这么小的宝宝很希望妈妈亲近自己，妈妈不要只忙自己的事而冷落了宝宝。

2. 妈妈在家里比较忙的时候，可以把宝宝放到婴儿床里，让宝宝仰卧时能看到妈妈，妈妈在一旁要经常看看宝宝，过一会儿抱抱宝宝，逗逗宝宝，做家务和亲近宝宝交替进行，宝宝会感觉妈妈一直在自己身边，没有被冷落的感觉。

3. 很多宝宝在高兴时会发出"咯咯"的笑声，有的还会伸出两只小手做出和妈妈拥抱的姿势，也有的宝宝通过发脾气或大哭的方式吸引妈妈的注意，妈妈看到宝宝这样做时，一定要关心宝宝。

4. 宝宝在出生后140～190天会出现害怕陌生人或躲避陌生人的现象，一旦妈妈离开宝宝，宝宝就会产生恐惧、害怕的心理，甚至会大哭。若妈妈此时责备宝宝，会"强化"宝宝的恐惧心理，宝宝的胆子会越来越小。妈妈应该要多陪陪宝宝，多亲近宝宝，不要指责宝宝，随着月龄的增长，宝宝见人就不会哭了。

5. 爸爸妈妈平时多跟宝宝说说话，虽然宝宝自己还不会说，但宝宝有时能听懂爸爸妈妈的话了，爸爸妈妈多亲近宝宝，宝宝就不会感到寂寞，还可以贮存大量的语言信息，为将来说话做准备。

第 **7** 个月
爬爬很快乐

宝宝的生理、感觉、心理发育

生理发育

	男宝宝	女宝宝
体重	8.91±0.95（千克）	8.39±0.80（千克）
身长	70.00±3.50（厘米）	68.60±1.50（厘米）
头围	44.40±1.20（厘米）	43.20±1.40（厘米）
胸围	43.70±3.60（厘米）	42.90±3.40（厘米）
牙齿	长出了2颗下门牙（中切牙）	

感觉发育

· 会把注意力集中在感兴趣的事物和颜色鲜艳的玩具上，并采取相应的行动。

· 会用一只手去拿东西；会把玩具拿起来，在手中来回转动。

· 仰卧时会将自己的脚放在嘴里啃。

· 不用人扶能独立坐几分钟。

· 会注意远处活动的东西，如天上的飞机、飞鸟等。

心理发育

· 对周围环境产生好奇心，喜欢用手指到处捅，也时常用手指捅自己的耳朵、鼻子、嘴和肚脐眼。

· 还不会说话，但已经能听懂一些简单的语言的意思了，如对"不"和不愉快的声音有反应。

· 当大人说到一个常见的物品时，会用眼睛看或用手指该物品。

· 对父母的依恋开始产生，母亲在身边就会感到安全和快乐，陌生人靠近他或抱他，就会哇哇地哭。

· 特别喜欢和大人玩躲猫猫的游戏。

母乳喂养：仍需继续坚持

此时很多妈妈已经开始上班，母乳分泌量也比以前有所减少。尽管如此，妈妈最好还是继续坚持母乳喂养。如果母乳量不足，哺乳的次数可以适当减少，还可以适当添加些辅食，但不要贸然断奶，以免宝宝无法适应，出现营养不良。

6个月后，母乳中的蛋白质成分少了一些，但仍比其他代乳品的营养价值要高。母乳中的免疫成分并没有减少，母乳对各种病原微生物或其产物的吸附作用也没有减弱，坚持给宝宝喂母乳，对增强宝宝的抵抗力，帮助宝宝预防呼吸道和肠道疾病仍然起着十分重要的作用。

只要注意补充合适的辅食，坚持母乳喂养，对增强宝宝的体质，促进宝宝的良好发育，绝对是有利无弊的。

混合喂养：可使用代授法了

代授法就是用配方奶或其他代乳品代替一次或多次母乳喂养。一般情况下，妈妈每天可用代乳品进行3～4次人工喂养，并最少保证进行3次母乳喂养。

代授法容易使母乳减少，比较适合6个月以上开始添加辅食和断奶的宝宝。

不论采取哪种方法进行混合喂养，妈妈都应注意让宝宝定时吸吮母乳，尽量保持自己的泌乳量，使宝宝多吃一段时间的母乳。

人工喂养：奶粉置换的两种方法

到了第7个月，人工喂养的宝宝所吃的奶粉就该从第一阶段向第二阶段转换了。即使是同一品牌、同一系列的奶粉，也应遵守循序渐进的原则，慢慢地进行置换，以免宝宝的消化系统不适应出现功能紊乱，导致呕吐或腹泻。

混合置换

这是一种将二段奶粉混合到一段奶粉中喂养宝宝，逐渐改变两者的比例，最后实现完全用二段奶粉喂养宝宝的置换方法。

如果置换过程中宝宝的大便出现异常，父母就应当暂停添加，或减少添加量，多观察几天，待宝宝大便正常后再增加二段奶粉的添加量。

一顿一顿地置换

这是一种用一顿二段奶粉完全代替一顿一段奶粉喂养宝宝，并逐渐增加代替次数，最后实现完全置换的方法。

开始时，父母可用一顿二段奶粉喂养替换掉宝宝一天中最不重要的那顿一段奶粉喂养，喂养3～4天，同时观察宝宝的反应。

如果宝宝不出现异常，则可以用二段奶粉再替换掉一顿一段奶粉喂养。以后依此类推，逐渐实现完全二段奶粉喂养。

如果置换过程中宝宝出现消化不良，则需延长观察时间，待宝宝大便正常后再继续增加置换次数。

牙齿护理：从长出第一颗牙就要开始

一般情况下，宝宝萌出第一颗乳牙时，对宝宝牙齿的护理就比较重要了。有的妈妈认为宝宝长的是乳牙，以后恒牙会换掉乳牙，所以在婴幼儿期忽略宝宝牙齿的护理。这是不对的。

如果在婴儿期不给宝宝进行牙齿护理，那么，宝宝很容易长龋齿。龋齿会影响宝宝的食欲和身体健康，给宝宝带来痛苦，而且也会影响恒牙的生长。

宝宝乳牙萌出的过程

一般而言，宝宝第一、二颗牙是在 4～7 个月大时长出，位置是下排正中。之后 4～8 周上排中间的 4 颗牙会长出来，紧接着一个月后下排两颗侧门牙会长出。在这上下共 8 颗牙长出后，接着是上下第一乳磨牙、乳尖牙，最后长出上下第二乳磨牙，共 20 颗乳牙，此阶段多数在两岁半前完成。在乳牙长出之后，必须经换牙的过程才能转为恒牙。

宝宝的乳牙该怎么护理

1. 喂食以后，妈妈可用干净的湿纱布或手帕将宝宝的牙齿和牙龈清洗干净。

2. 在长牙时期，宝宝会喜欢咬硬的东西，妈妈可以准备牙胶或磨牙棒，让宝宝放在口中咀嚼，以锻炼宝宝的颌骨和牙床，使牙齿萌出后排列整齐。

3. 让宝宝吃些较硬的食物，如苹果、梨、面包干、饼干等，既可锻炼牙齿又可增加营养。不要让宝宝含橡皮奶头作安慰、张口呼吸、偏侧咀嚼等，以免造成牙齿错位或牙颌畸形。

4. 经常带宝宝到户外活动，晒晒太阳，不仅可以提升宝宝免疫力，还有利于促进钙的吸收。

误区：不爬先走

7个月大的宝宝已经开始学爬了，宝宝对爬行也十分感兴趣，一有机会就想试着挪动自己的身体。然而，有些父母却嫌宝宝爬来爬去不好看护，或急于让宝宝学会走路，总是有意无意地跳过教宝宝爬行的环节，直接教宝宝站立和走路，这对宝宝的发育和发展是很不利的。

🍼 爬行是所有粗动作发展的基础

如果宝宝在不会走路前多爬，可以增强宝宝颈部、四肢关节和小肌肉群的力量，增强宝宝的平衡感、动作的灵活和协调性，为日后行走打下扎实的基础。

1. 有利于宝宝头部发展：宝宝利用四肢爬行时头部需要抬高，并且还会左右转动，这样的举动对头部的发展有很大的帮助。

2. 训练手腕的力气：宝宝爬行时用手腕支撑身体，能训练手腕的力气，对宝宝以后拿汤匙吃饭、拿笔涂鸦都有所帮助。

3. 训练宝宝的协调能力：医学早已证明，宝宝爬行有助于训练宝宝膝、臂动作的协调与四肢关节的灵活。

🍼 爬行是宝宝不可或缺的经历

在实际生活中，那些会爬、早爬、多爬的宝宝们大多动作灵敏、协调能力好、认知力强、求知欲强，比较容易融入社会。

而那些不爬或少爬的宝宝长大后大多显得呆板、迟钝，生活态度消极，不喜欢接触新人和新事，患感觉统合失调的比例也大大高于爱爬和多爬的宝宝。

爬行是宝宝成长过程中必不可少的一环，不能轻易被忽略。如果宝宝喜欢爬，父母千万不要阻止宝宝，反而应该鼓励宝宝，帮助宝宝，让宝宝尽情地享受爬行的快乐；如果宝宝不会爬、不喜欢爬，父母更要想办法教宝宝爬，引导宝宝多爬，帮宝宝补上对自己的一生有重要促进作用的一课。

168 育儿一天一页

鼻子不够挺：不能总捏

在传统的育儿观念里，宝宝的鼻子如果长得比较扁，多捏就可以长得挺起来。受这种观念的影响，许多父母有事没事总喜欢捏一捏宝宝的鼻子，这样做的后果，是宝宝的鼻子没有被捏得挺起来，反而给宝宝捏来了这样那样的病痛。

捏鼻子的危害

1.乱捏宝宝鼻子易诱发中耳炎：宝宝的鼻咽位置较低，离耳朵很近，父母乱捏宝宝的鼻子，很可能会将宝宝鼻腔中的鼻涕、细菌弄进宝宝的耳朵中，从而引发中耳炎。

2.损伤鼻黏膜：宝宝的鼻梁骨很柔弱，加上鼻腔内的血管非常丰富，频繁地给宝宝捏鼻梁，极易导致宝宝鼻腔内血管充血，损伤宝宝的鼻黏膜，从而使宝宝的鼻腔防御功能降低，影响宝宝的呼吸，极易令宝宝患上呼吸道感染性疾病。

3.导致宝宝习惯性斗鸡眼：宝宝出生后，视力并没有完全发育好，看不清距离太远的物体，在父母给宝宝捏鼻梁时，如此近的距离，宝宝会下意识地只看着父母的手或习惯性地抓父母的手，日后可能会给宝宝养成斗鸡眼（内斜视）的习惯。

未来宝宝鼻子挺起来不是捏鼻子的功劳

婴儿的鼻咽位置要比成人的更低，且结构也更短、更粗、更直，离耳朵也非常近，外观上显示出来的就是，每个小宝宝两眼之间的距离看起来更宽，鼻梁基本都是塌的（只是塌的程度不同）。

在宝宝的囟门闭合之后，宝宝的骨骼会非常快速地生长发育，但鼻骨骨骼一直要持续发育到青春期才能慢慢成形，原来的塌鼻梁也会慢慢变高，不用捏，鼻子也会渐渐挺起来。

所以，有些父母认为宝宝长大后鼻子变得高又挺，是自己捏出来的"成果"，这完全是无稽之谈，"捏鼻子能捏出高鼻梁"的说法是没有科学依据的。

游戏：朋友

游戏目的：培养孩子对语言的模仿和理解能力，开发孩子的社交智能。

游戏准备：一个洋娃娃。

游戏做法：父母拿着洋娃娃放在孩子面前先模仿洋娃娃的语气向孩子打招呼："你好！"再教孩子对洋娃娃说"你好！"向洋娃娃打招呼。

当孩子的兴趣被调动起来后，父母可以把洋娃娃的手放进孩子手里，并对孩子说："咱们交个朋友吧！"

最后，父母再教孩子说"好，咱们是好朋友"，并教孩子和洋娃娃握手，让孩子简单了解一下交朋友的方法。

游戏：制造声音

游戏目的：增加宝宝对声音的认识，发展宝宝的思维和动手能力。

游戏准备：1个纸袋、2根金属棒或其他可以发出清脆声音的东西。

游戏做法：

1.先用准备好的金属棒（或其他发声工具）互相敲击，使它们发出清脆的声音，然后把它们放进纸袋里，摇晃纸袋，使其发出声音。

2.当宝宝对纸袋中的声音产生兴趣后，把纸袋交给宝宝，让宝宝自己摇晃着使它们发出声音。

游戏：五官

游戏目的：增强宝宝对五官的认识，发展宝宝对语言的理解能力，增强宝宝的手眼协调能力。

游戏准备：妈妈和宝宝将双手洗干净，在床上对坐。

游戏做法：妈妈抓着宝宝的小手，一边问："宝宝的嘴在哪里？"一边将宝宝的小手指向宝宝的嘴巴。然后依此类推，教宝宝学认自己的眼睛、耳朵、鼻子、眉毛，直到宝宝学会指认自己的五官。

辅食调味：少糖、无盐、无其他调味品

宝宝的味觉远不如成人发达，也并不排斥原味食物，因此给宝宝烹调辅食要少加糖、不加盐、不加其他调味品，尽量保证食材原味，保护宝宝的味觉。

少加糖

宝宝天生喜欢甜味，如果一味地给甜食，容易养成宝宝嗜食甜食的毛病，而吃太多甜食，龋齿、肥胖、低龄糖尿病都可能发生。另外过多摄入糖会影响钙吸收，从而影响骨骼发育，导致佝偻病。

不加盐

6～12个月的宝宝每天需要的盐在1克左右，母乳或配方奶基本可以满足，即使宝宝满1岁了，在3岁以前每天需要的盐也还不到2克，所以宝宝的饮食应该低盐，1岁以前最好无盐。如果盐添加太多，宝宝发育不成熟的消化系统和肾脏的负担都会加重，对健康不利。

另外，宝宝习惯了盐味，口味变重，不喜欢清淡饮食，会直接决定以后的饮食习惯偏咸，而众所周知，高盐饮食会导致高血压等疾病。

不加其他调味品

宝宝的辅食最好不添加味精、鸡精、香精、花椒、大料、桂皮、葱、姜、蒜等调味品，大多数调味品添加了较多添加剂，对宝宝健康不利；调味品本身也需要脏器来处理，宝宝身体负担也会加重；浓厚的调味品味道还会妨碍宝宝体验食物本身的天然味道，可能会使宝宝养成挑食的不良习惯，造成宝宝口味偏重。

不爱吃辅食：不饿、不接受勺子、不适应辅食

在给宝宝添加辅食的过程中，有的宝宝会出现不爱吃辅食爱吃奶的现象，怎么办呢？妈妈看到宝宝不爱吃辅食，一定要查明原因，对症下药。

若是不饿

妈妈在给宝宝添加辅食的前一顿，可以少喂宝宝30毫升奶。等宝宝有一点饥饿感时，妈妈再给宝宝喂辅食，宝宝就会有食欲。

若是不接受勺子

若宝宝不爱吃辅食是因为宝宝还没有接受勺子喂食这种方式，妈妈要有耐心，在给宝宝喂辅食时慢慢来，宝宝很快就会张口舔食，接受勺子喂食了。

若是不适应辅食

妈妈在给宝宝添加辅食后一定要每天都坚持喂辅食，不要因为宝宝的多次拒绝或哭闹就中止给宝宝喂辅食。妈妈坚持喂 10 ～ 20 次，宝宝就会适应吃辅食了。

在家理发：准备与操作

给宝宝理发向来是育儿过程中的一大难题。一来是宝宝对理发店存在普遍的排斥心理，只要一到那个陌生、吵闹的环境里就会感到不安，甚至大哭大闹；二来是带宝宝去理发店的过程中，宝宝很容易睡着，到理发店后被突然弄醒，又会哭闹着不配合。如果能在家里给宝宝理发，就少了许多麻烦。

🍼 在家里理发的准备

首先，父母需要购买一套专门的婴幼儿理发工具。准备好理发用具后，父母还应该用酒精将它们彻底消毒，然后用香皂和清水彻底洗干净自己的双手，杜绝理发过程中可能发生的一切感染。做好这些准备后，父母就可以开始给宝宝理发了。

🍼 具体操作指导

理发应该选择在宝宝心情好的时候进行。理发时，父母应互相配合，一人抱着宝宝，一人拿着推子给宝宝理发。

理发时最好按前额→后脑勺→两侧的顺序进行。理前额时，母亲可以让宝宝用最舒服的姿势仰面斜躺在自己怀里，然后由父亲用推子为宝宝剃掉多余的头发。理后脑勺时，母亲要让宝宝趴在自己的小臂上，同时将宝宝抱稳，以防宝宝乱动而受伤。

理发过程中，父亲最好用一只手扶住宝宝的头部（力道不要过大，以防弄痛宝宝）防止宝宝乱动。如果宝宝发丝较硬，理发时推子要离宝宝的头皮近一些；如果宝宝的发丝较软，推子则要离得相对远一些，以防划伤宝宝的头皮。将长头发剃掉后，剩下的短发更要慢慢地、一点一点地弄，千万不能性急。全部理好后，父母可以用极软的毛刷将掉在宝宝脖子、肩膀上的碎头发轻轻扫掉，并给宝宝洗头，避免碎发扎到宝宝。

⊙ 贴心提示

如果宝宝有头垢，最好先用婴儿油涂在宝宝头部24小时，待头垢软化后，用婴儿洗发露清洗干净，然后再理发。

假哭：宝宝"狡黠"的一面

宝宝在 6 个月以后，就会通过假哭的方式吸引妈妈的注意，看似天真无邪的宝宝其实也会"骗妈妈"了。

宝宝用假哭的方式吸引妈妈注意，这是智力发展的一种表现

假哭，是宝宝最初骗人的一种方法，即使宝宝没有什么事，也希望通过这种方式吸引妈妈的注意。

宝宝第一次假哭时，哭声会暂停，然后宝宝会用眼睛看妈妈有什么反应，再决定是继续大哭还是不哭了。宝宝的这种行为说明他能分辨出一些简单的行为。

6 个月的宝宝很快就学会了用假哭的"手段"引起妈妈的注意，在 8 个月时，宝宝会使用更高明一点的"欺骗"方法了，宝宝知道怎么隐瞒不该做的事，试着分散妈妈的注意力。

这种"欺骗"是宝宝心智发展的一种表现，说明宝宝有了想法和目的，才会出

现"欺骗"的行为。宝宝采用简单的假哭"骗术"成功后，就会不断地学习如何编造更复杂的谎言，所以妈妈要正确地处理宝宝早期的"欺骗"行为才能更有利于宝宝健康成长。

妈妈应该看具体的情况，让宝宝认识到，通过假哭这种"骗术"不能达到目的，宝宝的这种做法妈妈是不支持的，也是没有用的。宝宝试过几次后，感觉没有效果，就会知道这没有什么意义了。

依恋：宝宝喜欢妈妈对自己热情有加

7个月左右，陌生人摸宝宝，宝宝就会大哭；妈妈抱宝宝，宝宝就会立刻停止哭声。宝宝听到妈妈的声音就会笑，妈妈离开，宝宝就会哭。宝宝这种行为就是对妈妈的依恋行为。

依恋是宝宝和妈妈之间情感交流的联结

1岁以内的宝宝通过吸吮、依偎、哭、微笑、咿呀咿呀等反应来建立对母亲的依恋。宝宝对妈妈的依恋，是一种本能的需要，宝宝有了依恋，才能有安全感，才能得到满足。

宝宝对妈妈产生依恋之后，妈妈应该重视，因为良好的依恋关系直接影响宝宝未来的性格。心理学家认为，若妈妈对宝宝十分冷淡，缺少交往，使宝宝不能对妈妈产生依恋，那么宝宝就会变得呆板，不信任妈妈，也不会信任他人。

宝宝在1岁左右，仍处于认生的阶段，即使宝宝离开妈妈进行一些探索性活动，妈妈也需要一直陪在身边，必要时妈妈可以将宝宝搂在怀里。

在宝宝回避与其他人的交往时，妈妈需要给予正确的引导和鼓励，促进宝宝和其他人的交流，这有利于宝宝将来学习人际交往并处理人际关系。若是宝宝胆子比较小，可以先在宝宝熟悉的环境比如家里鼓励宝宝向客人问好，但要注意不要强迫宝宝，以免宝宝产生反抗情绪。

不出牙：1岁以内可观察

多数情况下，宝宝在 6 ~ 7 个月就会开始长牙，有的可能在 4 ~ 5 个月时就已开始长出。

先长出两颗下门牙，之后两颗上门牙和上门牙旁边的两颗门牙也长出，之后再长出下门牙两边的两颗牙。

到满 1 岁的时候，大多数宝宝已经有了 8 颗牙齿，看上去非常漂亮。剩下的牙齿会在 2 岁半前全部长出，共 20 颗。

宝宝出牙时间有个体差异

有的宝宝早在 4 个月就开始出牙，但也有很多宝宝要等到 10 个月时才开始长出，还有少数则在 1 岁左右才开始萌出最初两颗牙。

宝宝出牙晚，可能跟遗传有关系，一般情况下，都属正常。但是也要考虑疾病因素，可以带宝宝到医院检查，先看下宝宝是否有先天的牙胚缺失；然后看是否缺钙，缺钙也会导致宝宝出牙晚。

如果一切都没有问题，就不必担心了，静等即可，说不定什么时候宝宝的牙齿就冒出来了。

但是如果宝宝过了 1 岁，仍然没有出牙的迹象，就必须看医生做检查、治疗了，有可能是克汀病、佝偻病或者营养不良导致的结果。

不必盲目补钙

有的父母一看到宝宝没有出牙，就认为是缺钙，因而大肆给宝宝补钙、补鱼肝油，这是不可取的。

汽车安全座椅：乘车安全不容忽视

相信很多父母都有过抱着宝宝坐车的经历，但其实这种看似正常的乘车方式，是造成许多宝宝脑震荡、脑出血的"罪魁祸首"。

改掉大人抱着宝宝坐车的习惯

大人抱着宝宝坐车时，由于宝宝是坐在大人前面的，一旦遇到刹车或碰撞，汽车前进时的惯性会变成一股推力把宝宝推向前排，使宝宝的头部受到撞击，从而引起脑震荡或脑出血。这种情况下，即使大人有心抱住宝宝，在惯性作用下也会有劲使不上，自己不压在宝宝身上就很难得了，想让宝宝不被撞，基本上是不可能的。

使用儿童安全座椅

对1岁以下的婴儿来说，最安全的乘车方式是使用安全座椅。普通安全带的保护作用只限于大人，对3岁以下的婴幼儿来说，普通安全带根本起不到保护作用。1岁以下的婴儿头部较重，颈椎不能支撑头部重量，如果面朝前坐车，遇到紧急刹车或意外事故，很容易造成头往前甩，从而导致严重的伤害。

正是考虑到这一点，安全座椅一般都采取向后坐的设计，同时用安全带把宝宝固定在座椅上，这样就会使宝宝在遇到意外时不至于前后滑动，避免因为晃动和碰撞受伤。

只要父母能够科学使用安全座椅，那么遇到意外事故时，安全座椅就会成为宝宝的保护神，有效保护宝宝的安全。

被蚊虫叮咬后：止痒、防抓

蚊虫叮咬是夏、秋季宝宝常见的皮肤损害，被叮咬的皮肤发生炎性反应，呈红色豆疹、风团或瘀点状。

仔细观察，在被叮咬处中心可见到蚊虫叮咬点，如针尖大小，呈暗红色；豆疹、风团、瘀点散在于皮肤暴露部位，如头面、四肢等处，有奇痒、烧灼或疼痛感，宝宝烦躁、哭闹。

对于蚊虫叮咬一般的处理方法

被蚊虫叮咬了，可在清洁后对被叮咬处涂复方炉甘石洗剂，也可用市售的婴儿可用的止痒药物。此外要注意经常给宝宝洗手、剪指甲，以防宝宝搔抓被叮咬处，导致继发感染。

如果宝宝皮肤上被叮咬的部位过多，症状较重或有继发感染，应尽快送宝宝去医院就诊，可遵医嘱内服抗生素消炎，同时及时清洗并消毒被叮咬的部位，适量涂抹抗生素软膏。

⊙ 贴心提示

如果家里没有准备止痒药物，妈妈可以将适量肥皂泡沫给宝宝涂抹止痒。蚊虫叮咬时，在蚊子的口器中分泌出一种有机酸——蚁酸，这种物质可引起肌肉酸痒。肥皂含高级脂肪酸的钠盐，这种脂肪酸的钠盐水解后呈碱性，可迅速消除痛痒。

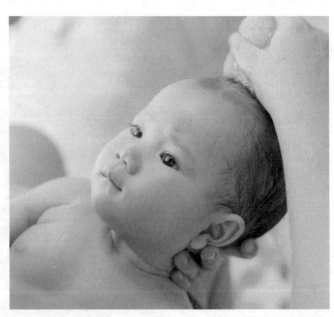

第 209~210 天

游戏：**骑大马**

　　游戏目的：培养宝宝的平衡感和韵律性。

　　游戏准备：事先学一些和骑马有关的童谣。

　　游戏做法：

　　1.妈妈坐在沙发上，两腿并拢自然垂于地面，并让宝宝背对着坐在自己膝盖上。

　　2.妈妈以多种方式运动自己的双腿，如同时颠动双腿，两腿一上一下颠动；双膝同时向左或向右晃动；双腿一开一合，等等。

　　3.游戏进行时，妈妈可以给宝宝唱儿歌。

得得得，得得得，
骑着马儿过山坡。
山坡长满青青草，
马儿想要吃个饱。
吃个饱，歇歇脚，
马儿还想洗个澡。
打个滚，洗个澡，
天黑了，要迟到，
马儿开始拼命跑。
得得得，跑啊跑，
摔了宝宝一大跤。

　　做这个游戏时，妈妈最好在唱几句儿歌后停顿一下，并在停顿时做一个有趣的动作（比如将宝宝往上提一提），让宝宝体会游戏的节奏。做过几次后，宝宝会记住游戏的韵律和停顿时机，在停顿时主动做出动作，配合妈妈将游戏进行下去。

第**8**个月
热衷于互动与游戏

宝宝的生理、感觉、心理发育

🍼 生理发育

	男宝宝	女宝宝
体重	9.33±1.01（千克）	8.82±0.80（千克）
身长	72.30±4.00（厘米）	69.60±1.80（厘米）
头围	45.00±1.20（厘米）	43.80±1.40（厘米）
胸围	44.40±3.70（厘米）	43.45±3.55（厘米）
牙齿	长出2颗上门牙	

🍼 感觉发育

· 宝宝手里如果有一件东西，妈妈再递给宝宝一件东西，宝宝会用另一只手去接，这样可以一只手拿一件，两件东西都可摇晃，相互敲打。

· 攥住什么就不轻易放手，被妈妈抱着时就攥住妈妈的头发、衣带。

· 喜欢用手捅，被妈妈抱着时会用手捅妈妈的嘴、鼻子。

· 喜欢摸摸东西，敲敲打打各种玩具。

· 会遵照妈妈的要求表演一次飞吻。

· 叫宝宝不要做某件事情，或把物品拿回去，都会按照妈妈的吩咐去办。

· 会东瞧瞧，西望望，似乎永远也不会疲劳。

🍼 心理发育

· 能够区分亲人和陌生人，看见看护自己的亲人会高兴，从镜子里看见自己会微笑；对躲猫猫的游戏很感兴趣。

· 用笑、哭来表示喜欢和不喜欢。

· 常有怯生感，怕与父母尤其是妈妈分开。

母乳喂养：最迟这个时候也要添加辅食了

在宝宝6个月以后妈妈就一定要考虑添加辅食了，如没有不能添加辅食的特殊情况，8个月的宝宝绝不能再单纯以母乳喂养了，必须添加辅食。

🍼 过晚添加辅食会造成什么问题

1. 这个时候母乳或配方奶提供的营养和能量不能满足宝宝的需求，需要添加辅食进行补充。

2. 辅食添加过晚，等于剥夺了宝宝体验新食物味道的机会，导致以后喂食新食物困难，长大后宝宝容易出现偏食、挑食的行为。

3. 咀嚼和吞咽食物是后天习得的，7～8个月宝宝是学习咀嚼的关键期。如果辅食添加过晚，宝宝仍习惯吞咽液体食物，拒绝咀嚼食物，以后容易养成不经咀嚼就直接吞咽食物的习惯，不利于消化和吸收。

4. 辅食添加过晚，必定造成断奶延迟，有可能会导致宝宝恋奶，还会使宝宝不愿意接受辅食，最终造成营养不良、体质差等问题。

断乳准备期：增加辅食次数，减少母乳次数

这个时期，宝宝的乳牙已经萌出，咀嚼食物的能力逐渐增强，消化道内的消化酶已经可以充分消化蛋白质，消化功能随之增强。同时妈妈的乳汁分泌开始减少，即便母乳分泌不减少，乳汁的质量也开始下降，为了保证宝宝的营养，现在需要开始为宝宝断奶做准备了。

🍼 8～12个月是宝宝断奶最佳准备期

8个月的宝宝应开始准备断奶，但要注意，断奶并非不再给宝宝吃奶，而是逐渐让宝宝以饭菜为主食，奶制品为辅食，让宝宝渐渐习惯吃饭菜，自然地断掉母乳。

🍼 这个阶段，母乳喂养的次数可以减少，逐渐增加辅食的次数

宝宝可以只吃2次母乳，时间可安排在早晨起床后和晚上睡觉前。母乳充足的话，也可以喂3次，但必须让宝宝从辅食中获取至少2/3的营养。8个月的宝宝一天可以渐渐添加到3次辅食，以后逐月递增，循序进入断奶成熟期。

辅食：合理安排

宝宝每天的辅食应包括蛋、豆、肉类，五谷根茎类，蔬菜类及水果类，以达到营养均衡的目的。

辅食的性状应以柔嫩、半流质食物为好，以清淡为宜。可以考虑给宝宝添加一些半固体的辅食，甚至一些固体食物也可以，如面包、胡萝卜片等，训练宝宝的咀嚼能力。

这一时期的宝宝还应保证一定量的奶制品，每次吃完辅食后，可以给宝宝喝100 ~ 150 毫升的奶，全天总量应不少于 600 毫升。

人工喂养：调整奶量

人工喂养的宝宝，要根据吃奶和辅食的情况灵活调整。

1. 如果宝宝一次能喝 150 ~ 180 毫升的配方奶，可以在一天的早、中、晚让宝宝喝 3 次奶，然后在上午和下午加两次辅食，两餐之间可以调配 2 次点心。

2. 如果宝宝一次只能喝 80 ~ 100 毫升的配方奶，可以增加喂奶的次数，在早晨喂一次奶，9 ~ 10 点钟喂辅食；中午喂奶，下午午睡前喂辅食；午睡后喂奶，带到户外活动，点心、水果穿插喂；傍晚喂奶一次，睡前再喂奶一次。

两顿奶之间不要超过 4 小时，奶与辅食间隔不要短于 2 小时，点心、水果与辅食、奶的间隔不要短于 1 小时，且奶、辅食在前，点心、水果在后。

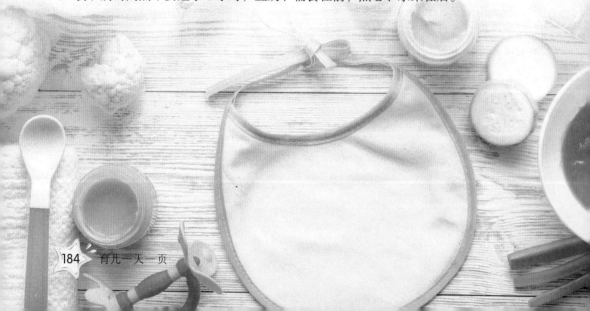

第
217~218
天

半固体软食：可吃颗粒状食物

8个月的宝宝正处于萌牙期，有的宝宝已经长出牙齿了，但无论是否长出乳牙，都应该给宝宝吃些半固体食物或颗粒状固体软食，如煮熟的蛋黄、香蕉丁等。

无论现阶段宝宝是否已出牙，都应该逐渐开始吃半固体食物了，从稠粥、鸡蛋羹到各种肉泥、磨牙食品等都可以试着喂给宝宝吃。即使没长牙，不能嚼固体食物，但是宝宝也乐于用牙床研磨食物，能很好地将食物咽下去。

口感粗糙的食物对促进萌牙是有益的，也可以帮助宝宝学习咀嚼的技巧，以便更好地接受其他种类的食物。对于已经出牙的宝宝，半固体和固体食物也有助于磨牙，帮助牙齿更好地生长。

粥：7倍粥与5倍粥

这个时期，大多数宝宝已经能吞咽下稀粥了，所以米粉可转换成稀粥。在6~8个月的初期可用7倍粥喂宝宝，等宝宝习惯后再逐渐减少水分，用5倍粥喂宝宝。

🍼 7倍粥

1. 先将大人吃的米洗好倒入锅中，再将宝宝的煮粥杯置于锅中央，煮粥杯内米与水的比例为1:7。

2. 像平常一样煮饭，煮好后，杯外是大人的米饭，杯内是给宝宝喝的稀粥。

3. 刚用7倍粥喂宝宝时，如果宝宝的喉咙特别敏感，可先将稀粥压烂后再喂食。

🍼 5倍粥

1. 先将大人吃的米洗好倒入锅中，再把宝宝的煮粥杯置于锅中央，杯内米与水的比例应为1:5。

2. 5倍粥煮好后，如果宝宝喉咙较敏感，也可先将稀粥压烂后再喂食。

家庭小药箱：常备物品清单

有宝宝的家庭最好准备一个家庭小药箱，里面常备药品和医疗器械，用来应急，以防万一。

1. 用于退热：布洛芬混悬滴剂、对乙酰氨基酚缓释片等。

2. 用于感冒、咳嗽：小儿感冒颗粒等。

3. 用于咳嗽、多痰：小儿止咳糖浆、小儿清肺化痰颗粒等。

4. 用于积食、厌食、消化不良：四磨汤、小儿化食丸等。

5. 用于便秘：四磨汤、婴儿开塞露等。

6. 用于腹泻：蒙脱石散等。

7. 用于湿疹：婴幼儿湿疹膏、炉甘石洗剂等。

8. 用于蚊虫叮咬：炉甘石洗剂等。

9. 用于烫伤：京万红软膏等。

10. 用于小创伤：75%酒精、创可贴、棉签、棉球、纱布。

11. 医疗器械：温度计、剪刀、镊子等。

⊙ 贴心提示

　　妈妈在给宝宝准备药品时，要咨询医生如何使用，留意药品的保质期，并做好标记。

第 222~224 天

耳屎：不必强行清除

有时看到宝宝耳朵内长了耳屎，妈妈会想要把它掏净，这其实对宝宝并不好，尤其是用发夹、耳挖子给宝宝取耳屎时，很容易发生意外事故，非常不安全。

掏耳朵的危险

1. 掏耳朵时，宝宝一动就可能损伤外耳道。

2. 由于使用的工具不干净，可引起急性外耳道炎或外耳道疖肿，给宝宝造成很大痛苦。

3. 如果不小心会将外耳道口的耳屎推到里面，压迫耳膜而引起耳痛、头晕、咳嗽、头痛等症状。

4. 经常给宝宝掏耳朵，可引起外耳道慢性损伤，人乳头状瘤病毒（HPV）可侵入外耳道而产生乳头状瘤。

耳屎会自然脱落

"耳屎"在医学上称为耵聍，是由外耳道中的耵聍腺分泌出来的浅黄色黏液状物质。当外界的灰尘进入外耳道时，被耳毛挡住，被黏液粘住，加上外耳道脱落的上皮细胞干燥以后形成一片片薄薄的耳屎附着在外耳壁上。

由于人们不断地吃东西、说话，使下颌关节运动，耳屎会被挤出去，移送到外耳道的外口附近，此时如果能看见，用棉签将它轻轻卷出来或任它自然脱落。

手脚发凉：大多是"假凉真热"

日常生活中经常遇到宝宝手脚发凉的现象，老人说宝宝这是着凉了，即使妈妈已经给宝宝穿得很多了，但还是又给宝宝穿了点衣服，结果没多久宝宝就出汗了。宝宝手脚发凉真的是因为穿得少吗，还是有其他原因？

宝宝手脚发凉是因为神经系统发育不完善

由于神经系统发育还没有成熟，导致血液循环功能很不好，血液循环主要集中在头部和躯干，而流向四肢的血液很少，就会引起宝宝手脚凉的现象。宝宝的体温一般以腋窝下测量 5 ~ 10 分钟为准，只要宝宝腋下体温正常，宝宝就没事。

有的妈妈看到宝宝的手脚发凉，就给宝宝包裹起来，怕宝宝再受凉。殊不知妈妈这样做会使宝宝体内热量不能及时地散出，宝宝体温越来越高，就会出现发热。妈妈就这样给宝宝捂生病了。

遇到宝宝手脚发凉时，一定要看宝宝的手脚是真凉还是假凉

妈妈可以用手摸宝宝颈部皮肤，也可以用嘴唇亲宝宝的额头，感觉额头与嘴唇的温度一致就说明宝宝没有发热。

宝宝手脚发凉时，会出现四肢凉、躯干发热现象，也就是"假凉真热"。妈妈可以用温度计测宝宝腋下的温度来判断宝宝的发热程度，若体温超过了 38.5 摄氏度，妈妈就要考虑宝宝可能生病了，可采用物理降温的方法给躯干、颈部、头部降温，宝宝的上衣可以解开，有利于散热，不要给宝宝多穿衣服，及时带宝宝看病。

宝宝若是着凉了，一般会出现打喷嚏等着凉现象，如果宝宝腋下的温度略低，妈妈应该给宝宝多穿些衣服。

第
227~228
天

爱咬人：分情况应对

8个月大的宝宝常常会咬人，随着宝宝的成长，咬人习惯会消失，但宝宝还不能分辨自己行为的好坏，因此家长需要了解宝宝咬人行为背后隐藏的原因，及时给予宝宝正确的引导。

1. 实验性的咬人：宝宝用咬人的方式来探索世界，有些宝宝吃奶的时候还试着咬妈妈的乳头，有时这对于宝宝来说就像是一个游戏。应对措施：可以让宝宝尝试，但不能放纵宝宝咬人。当宝宝咬人时，不能在宝宝面前笑，否则宝宝会认为是鼓励和赞扬，认为咬人是一个有趣好玩的游戏。妈妈应该适时地跟宝宝说："不能这样，妈妈会痛哦。"宝宝就能知道不能咬人。

2. 牙痒痒：宝宝长牙时牙床总是感觉不舒服，就会通过咬人来缓解。应对措施：可以给宝宝一些安全的东西来咬，比如磨牙圈、磨牙饼干或磨牙棒等，以缓解宝宝难以忍受的牙床不适感。

3. 感觉很兴奋：当宝宝很激动或兴奋又不知道怎样表达出来时，可能会用咬人来表现，比如当妈妈抱他时，他便难以控制地使劲咬妈妈的肩膀。应对措施：这时被咬的人往往很痛，但千万不要立即推开宝宝或大声尖叫，以免吓到宝宝，可以采取温和的方式阻止宝宝，让他自然松口，比如捏捏宝宝的鼻子。宝宝松口后不应立即与宝宝分离，让宝宝明白并不是一松口妈妈就会离开自己。

幼儿急疹：马后炮——热退疹出

幼儿急疹是婴幼儿的一种常见病，大多数宝宝在2岁以内得过这种病，发病的特点是宝宝突然高热，体温可在39～40摄氏度，退热后全身会出现粉红色斑点样疹子。

幼儿急疹的主要症状

一般第1天体温在38～39摄氏度，宝宝的精神状态良好，食欲正常，没有咳嗽、流鼻涕等症状，大便不稀。

第2天宝宝的体温仍在39摄氏度左右，宝宝吃过退热药之后，30分钟左右退热了，5个小时左右宝宝又发热了，持续高热。发热时能摸到颈部淋巴结如黄豆粒大小。

第3天宝宝体温在39～40摄氏度，有的宝宝体温开始下降，宝宝的胸部、背部出现红色的疹子，逐步波及颈部、脸部和手脚。

宝宝退热后，疹子会在24～48小时出完，2～3天疹子退去，没有色素沉着，没有皮屑。

有的宝宝还伴有腹泻。宝宝血象检查结果为白细胞总数偏低、分类淋巴细胞增高。

幼儿急疹护理的重点

让宝宝多休息，保证室内空气流通，妈妈不要给宝宝穿得太多、裹得太厚，不利于宝宝散热。

妈妈多喂宝宝一些温开水、蔬菜汁或果汁，有利于排汗或排尿。给宝宝多吃些流质或半流质食物，注意营养均衡。

可以用温毛巾擦宝宝全身皮肤给宝宝物理降温，避免高热惊厥，但注意不要让宝宝着凉。妈妈要遵医嘱给宝宝吃退热药。

不和宝宝共用餐具、寝具，宝宝用品、玩具及时清洁、消毒。

游戏：搭积木

游戏目的： 培养宝宝的空间想象能力和数学概念，集中性地提高宝宝的手眼协调性、抓握能力和搭高物品的能力。

游戏做法： 妈妈要给宝宝正确示范，搭2~4块积木，让宝宝模仿着搭。在搭的过程中，每加一块都夸奖宝宝，用激励的语言让宝宝爱上搭积木。

先用大积木垫底，再依次搭较小的积木，或用磁性积木以保证宝宝容易成功。这样宝宝在成功中体验到了快乐，良好的情绪刺激促进宝宝的求知欲发展，满足宝宝获得成功的需要。

如果宝宝不感兴趣，妈妈可先搭2~3块积木，只让宝宝搭最后一块，必要时手把手地教宝宝搭，搭好后，立刻表扬宝宝，并可让宝宝推倒积木作为鼓励。妈妈也可以先手把手地教宝宝，然后换成语言指导。

在宝宝学会搭3~4块积木后，要及时巩固成果，保持兴趣是很关键的，而良好的兴趣是可以正确培养的。一定要变换方式让宝宝愿意继续玩。

游戏：不

游戏目的： 训练宝宝从大人的表情、动作及语言进一步理解"不"，培养其自制力。

游戏做法： 在宝宝伸手去取危险物品时，要及时制止宝宝，在宝宝跟前用摇头、撇嘴，或者不高兴的表情告诉宝宝"不可以"，让宝宝懂得这是"不"的警告，应当停止。

如果宝宝仍"我行我素"，这时大人应当更加严肃地说"不"给以制止。如果此时宝宝仍不听就要强行将物品移走，或是将宝宝的手拽回来，不能怕宝宝哭闹，如果宝宝一哭闹大人就让步，宝宝以后就会用哭闹去要挟大人，养成耍赖的不良性格。

特别认生：积极引导，而非斥责

宝宝一般从 4 个月起就能认识妈妈，6 个月开始认生，8 ~ 12 个月认生达到高峰，以后逐渐减弱。有些父母会认为自己的宝宝没出息，其实认生是宝宝发育过程中的一种社会化表现，认生程度与宝宝的先天素质有关。

对于认生程度严重的宝宝，父母要积极引导。

1. 创造一个温馨祥和的家庭气氛，让宝宝自由自在地生活，并让宝宝有充分发挥的余地。

2. 平时，处处注意培养宝宝独立的性格、坚强的毅力和良好的生活习惯，鼓励宝宝去做力所能及的事情：当宝宝遇到困难时，不要一味包办，而要让宝宝自己想办法解决。

3. 鼓励宝宝与人接触交往：要让宝宝和同龄伙伴多接触，经常邀请一些小朋友到家中来玩，让宝宝做小主人。平时注意帮助宝宝结交新朋友。

4. 端正教育态度，从思想上认识到对宝宝的溺爱、娇宠，只会造成宝宝怯懦、任性的性格；父母要树立起纠正宝宝怯懦、任性性格的信心，要认识到只有教育得当，才能使年幼的宝宝得到健康发展。

分离焦虑：建立"妈妈会回来"的信任感

宝宝在 8 个月左右时，开始会对陌生人和陌生环境产生害怕的情绪，一旦妈妈（宝宝最亲近的人，通常也是照顾宝宝最多的人）从宝宝视线里消失，宝宝就会表现出明显的不安并且哭闹，这就是宝宝的分离焦虑。宝宝的分离焦虑将一直持续到 2 岁以上，这个时期之前，任何时候妈妈离开，宝宝都会产生分离焦虑。

建立"妈妈会回来"的信任感的方法

对于 1 岁以内的宝宝，妈妈应尽量减少离开宝宝的次数，特别是要尽量减少让宝宝一个人独处的次数。

如果必须离开，便要先安抚宝宝，让宝宝知道妈妈一定会很快回来，当宝宝经历了多次妈妈离开又回来的情况后，宝宝便会产生信任感，从而在下次妈妈离开时自己战胜分离焦虑。

给宝宝一个分离缓冲期

当因为工作或其他原因需要和宝宝分离时，应有一段缓冲时间，和接替照顾者有一个角色替换过程，让接替照顾者渐渐被宝宝所接受，减少宝宝的焦虑和不适。

训练：拿勺子吃饭

现在让宝宝学会拿着勺子吃饭可不是一件容易的事情，需要几个星期甚至更长的时间，父母要有耐心。

开始时可以给宝宝一把勺子玩，宝宝可能拿着勺子来回挥动、敲打东西，把勺子丢在地上或放到嘴里，不必在意，随他去。等宝宝对勺子有了一定的认识，就可以开始教了。

通过游戏教

准备一只碗，碗要重一些且不易碎，以免宝宝动不动就把碗弄翻打碎，从而导致受伤或产生挫折感。碗里放些大枣，父母先给宝宝示范用勺子舀起碗里的大枣，然后把勺子给宝宝，让宝宝自己试验。在宝宝成功舀起大枣时，别忘了表扬。

实践中教

大人吃饭时也给宝宝盛一碗饭，给宝宝一把勺子，让宝宝在旁边看着。大人用勺子盛起碗里的饭送到口中，动作要慢，让宝宝看清楚。

宝宝是喜欢模仿的，会学着大人的样子用勺子吃饭。妈妈可以准备 2 个适合宝宝的勺子，宝宝一把，妈妈一把，教宝宝学着拿勺子。每次喂宝宝吃饭时，妈妈拿一把勺子喂宝宝吃饭，宝宝拿一把勺子跟着练习舀东西。

妈妈每次吃饭可以先喂饱宝宝，再给宝宝一小碗饭，让宝宝拿着勺子随意练习一会儿。

⊙ 贴心提示

每次妈妈给宝宝使用勺子玩或吃饭前，要将宝宝的手洗干净，避免宝宝抓食物吃时因手不干净而引起腹泻。宝宝使用勺子吃饭时，会把桌子弄得乱七八糟，可以在地上铺上报纸或者可水洗垫子，减少收拾带来的疲累感。

用手抓饭：不必强行纠正

当给 8 个月的宝宝喂饭时，宝宝常常伸手抓勺子，很喜欢把手放到饭碗里不拿出来，过一会儿再将手拿出来放到口中，即使什么都没有吃到，也仍然会津津有味地吸吮，这可能是宝宝在模仿大人吃饭。大人这个时候不应阻止宝宝，否则容易破坏宝宝的自信心，打断宝宝学习自己吃饭的自然规律。

大人可以顺势对宝宝进行适当的训练，帮助宝宝锻炼手眼协调能力，建立自信心。

1. 每次吃饭前帮宝宝把手洗净，给宝宝一些软而不会噎着的食物，如熟木瓜、炖南瓜。

2. 准备边角圆滑的勺子，将它递给宝宝，一开始宝宝用勺子不熟练，可以帮宝宝把食物放到勺子上。

3. 每顿饭不要花太多时间，宝宝在饥饿时特别有胃口，会非常专心致志地练习吃，一旦吃饱便会玩起来，甚至把饭碗打翻，以后容易养成边吃边玩的坏习惯。

这个阶段的宝宝正在练习协调手和眼，但尚不熟练，若得到更多的练习机会，宝宝便能渐渐养成吃饭时的好习惯，提高自理能力。

防范意外：吞食异物

8个月的宝宝爱哭、爱笑、爱闹，进食时喜欢边吃边玩，喜欢将物体或玩具放入口中玩耍。此外，宝宝的磨牙发育不全，不能细嚼食物，咳嗽反射不健全，动手能力增强，这些都将增加宝宝吞食异物的危险系数。因此，父母一定要格外注意避免这个月的宝宝吞食异物。

1. 小心微小物品：父母一定要当心纽扣、硬币、别针、玻璃球、豆粒、糖丸等小物品，不要将这些物品放置在宝宝接触得到的地方，避免宝宝吞食入口，特别要注意宝宝爬行的地面，不要遗留这样的细小物品。

2. 注意有核水果：当给宝宝喂食有核的水果，如枣、山楂、橘子时，要特别当心，应先把核取出后再喂食。其余辅食中要避免混入硬物杂质，鱼类要先去刺，不易嚼烂的食物应先研碎再喂。

3. 注意玩具的零部件：应对玩具进行仔细检查，看看玩具的零部件，如眼睛、小珠子等有无松动或掉下来的可能，如果有则应收起玩具或采取一些措施将它们固定好。

发生吞食异物情况的处理方法

当发现宝宝吞食异物或有类似情况时，家长可以用一只手捏住宝宝的腮部，另一只手伸进宝宝的嘴里，看能否将异物掏出。若发现宝宝已将东西吞下去，应立即施行急救措施，以防窒息。

1. 马上把宝宝抱起来，一只手捏住宝宝颧骨两边，手臂贴着宝宝的前胸，另一只手托住宝宝后颈，让宝宝脸朝下趴在家长大腿上，且头部稍低于躯干，在宝宝背部两肩胛骨间拍打5次。

2. 如果异物没有排出，让宝宝仰卧背贴在家长的大腿上，用双手中指和示指放在宝宝胸廓下和脐上的腹部，快速向上按压5次。

3. 循环进行背部拍打和腹部按压，直到异物冲出为止。

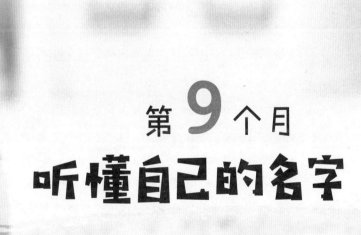

第 9 个月
听懂自己的名字

宝宝的生理、感觉、心理发育

生理发育

	男宝宝	女宝宝
体重	9.69±1.01（千克）	9.12±0.82（千克）
身长	72.80±2.30（厘米）	71.00±2.00（厘米）
头围	45.40±1.20（厘米）	44.40±1.20（厘米）
胸围	45.10±3.90（厘米）	44.00±3.60（厘米）
牙齿	一般上下门牙均已萌出，开始萌出上侧门牙	

感觉发育

· 喜欢把物品送进嘴里。

· 能由卧位坐起而后再躺下，能够灵活地向前、后爬，能扶着床栏站着并扶床栏行走。

· 抱娃娃、折娃娃，模仿成人的动作。

· 会灵活地敲积木，会把一块积木搭在另一块上或用瓶盖去盖瓶口。

· 视线所及的范围的任何东西，他都想去摸摸。

心理发育

· 叫他名字时他会答应，如果他想拿某种东西，父母严厉地说："不能动！"他会立即缩回手来，停止行动。

· 妈妈和他说再见，他也会向妈妈摆摆手；给他不喜欢的东西，他会摇摇头；玩得高兴时，他会"咯咯"地笑，并且手舞足蹈。

· 喜欢用拍手欢迎、招手再见的方式与周围人交往。

· 喜欢别人称赞他。

母乳喂养：减少喂奶次数，增加辅食次数

随着乳牙萌出数量的进一步增多，本月宝宝基本已经有了一定的咀嚼能力，舌头搅拌食物的功能也增强了，可以进一步增加辅食的量，尤其是要增加半固体食物的量。

虽说辅食的次数在增加，但宝宝此时还是应该以乳类为主食，可以适当减少喂奶的次数，总奶量可以减少到每天 700 ~ 800 毫升。

⊙ 贴心提示

现在喂奶的顺序可以改变一下，以前是先喂奶再喂辅食，现在可以改成先喂辅食再喂奶，为以后断母乳做准备。

人工喂养：至少保证每天 500 毫升奶

人工喂养的宝宝，这个月配方奶的摄入量仍是以每天 500 毫升为基数，最好不要少于 500 毫升，但也不要多于 800 毫升，宝宝吃太多奶会影响辅食的进食量。

每天可以分 2 ~ 3 次喂养，每次喂 200 ~ 300 毫升，但也要根据每个宝宝的具体情况决定，如果宝宝每次吃得少，那就多喂几顿，总量达标就可以。

⊙ 贴心提示

如果宝宝断了母乳，应当补上配方奶。1 岁左右，宝宝喝母乳的量会逐渐减少，同时可以逐渐增加喝配方奶的量，每天的总量基本变化不太大，1 ~ 2 岁宝宝每天维持在 600 毫升左右。

添加点心：要避免油腻、不易消化的食物

这个月可以给宝宝添加"点心"了。这里的点心不是指大人常吃的糕点，而是辅食以外的现成小食品。点心一定要选有营养、不油腻、易消化的食物，如饼干、蛋糕、奶片、肉松，以及苹果、橘子等。

点心的添加原则

如果宝宝胃口比较小，一次只能喝100毫升左右的奶，就让宝宝在吃奶后吃些点心。

如果宝宝一次就能喝250毫升甚至更多的奶，就可以每天喂两次奶，然后喂两次辅食和两顿点心。

如果宝宝辅食吃得不好，暂时可以不添加点心。

进食喜好不同：可区别对待

宝宝喜欢吃什么已经呈现出个体差异，家长需要区别对待。

吃奶差异

爱吃奶的宝宝每天可仍然保持规律的吃奶习惯，一般每天能吃3顿左右，每顿大约200毫升，这样的宝宝不用担心会出现蛋白质和脂肪缺乏的情况，吃辅食也主要是为了补充维生素等营养素。

不过，也不能因为宝宝爱吃奶就由着宝宝的性子吃，否则会影响辅食添加的进度，给顺利断奶带来一定的麻烦。

不爱吃奶的宝宝就要多吃些肉蛋类食品，以补充蛋白质。

蔬果差异

不爱吃蔬菜的宝宝就要适当多吃些水果。有些比较软的水果，宝宝可以直接吃的就不需要再榨成汁或压成果泥，如西瓜，切成小块让宝宝直接拿着吃就行，不过一定要把子去干净。

不爱吃水果的宝宝可以多吃些蔬菜，尤其是西红柿，可以提供丰富的维生素C。

辅食：种类比上个月更丰富

这个月，辅食的种类可以在前几个月的基础上增加面片、软饭等淀粉类食物，以及土豆、红薯等根茎类蔬菜，并逐渐单独添加肉类食品，如鱼肉泥、鸡肉泥、猪肉泥、猪肝泥等。

还可以在做粥、面条或软饭时，往里面添加一些肉末、碎菜和豆腐等。

另外，经过一段时间的辅食添加，宝宝对辅食的消化能力提高了，所以辅食的量也要比上个月有所增加。

辅食性质：以半固体为宜

宝宝的咀嚼能力和舌头搅拌食物的能力逐步增强，这就预示着宝宝需要更具有质感的食物了，一方面进一步锻炼宝宝进食和消化能力，另一方更好地满足宝宝在营养方面的需求。

给宝宝添加半固体辅食时，食物的硬度要由软至硬慢慢调整，让宝宝渐渐地习惯食用较硬的食物，硬度以比豆腐稍硬一点为宜。

辅食添加要点：6种主要食材怎么加

鸡蛋

蛋黄要继续添加，以前喂半个蛋黄的，现在可以增加到一个。

粥

粥可以做得稠一点，并加入菜泥、肉末、鱼松等，不要一次都加入，加1种即可。每天喂2次，每次6～7汤匙。

肉类

肉类可以给宝宝提供足量的蛋白质、脂肪和能量，比较适合做成肉泥或肉末添加到粥、面条等食物中喂给宝宝。也可以做成肉松，作为点心在两餐之间喂食，每次喂1小勺即可。

动物肝、血

动物肝、血适合做成泥或小丁，加入主食中一起喂，可以给宝宝提供丰富的铁质，预防贫血。

蔬菜水果

这时的宝宝可以接受从菜水、果汁到菜泥、果泥等不同的形态。菜泥、果泥可以做得略粗些，让宝宝体验不同的口感。

磨牙食品

烤馒头片、面包干、磨牙饼干等可以直接掰成小块让宝宝自己拿着吃。要注意面包最好不要给全麦或杂粮的，以免里面较硬的成分噎着宝宝。每天让宝宝吃2～3次，每次喂奶前后喂给宝宝。

辅食食谱：这个阶段可尝试的

🍼 双色花菜拌白灼虾

食材：

花椰菜 20 克，西蓝花 20 克，虾 2 只。

做法：

1. 花椰菜、西蓝花分别洗净，放入沸水中煮软后捞出，切碎。

2. 虾洗净，去壳取虾肉，去除虾线，放入沸水中煮熟，切碎。

3. 切碎的虾肉与花椰菜碎和西蓝花碎拌匀即可。

营养小贴士：虾中的蛋白质和微量元素丰富，可改善宝宝因缺锌所引起的味觉障碍、生长障碍，还能增强宝宝的免疫力。对宝宝来讲，每周吃一次虾就足够了。

🍼 白萝卜虾碎粥

食材：

白萝卜 30 克，虾 2 只，青菜 10 克，大米 50 克。

做法：

1. 虾洗净，去壳取虾肉，去除虾线，放入沸水中煮熟，切碎。

2. 白萝卜去皮切碎，青菜切成末后，放入沸水中焯熟，而后切碎。

3. 大米淘洗干净，加适量水大火煮沸，转小火继续熬煮至黏稠。

4. 出锅前将虾碎、白萝卜碎和青菜末倒入粥中，再次煮 2 ~ 3 分钟即可。

营养小贴士：白萝卜有通气润肺、促进肠道健康的作用，与虾肉、青菜搭配营养更加丰富。

睡前习惯：可从小养成

充足的睡眠对宝宝体格和智能发育非常重要，宝宝愈小，睡眠愈多，养成良好的睡眠习惯能使宝宝受益终生。

婴幼儿睡眠充足的表现

1. 白天活动时精力充沛，不觉疲劳，情绪佳。

2. 食欲好，吃饭津津有味。

3. 在正常的饮食情况下，体重按标准增加。

坚持睡眠原则

1. 晚餐后要过一两小时再让宝宝睡觉。如果宝宝有睡前吃奶的习惯，要让宝宝吃饱了再睡，以免宝宝很快又饿醒，频繁吃奶影响睡眠。

2. 睡前家长不要给宝宝玩新的或有趣的玩具，更不要从宝宝手中夺下玩具或做其他容易引起宝宝强烈反应的事，以免宝宝哭闹，影响其入睡。

3. 在睡前，父母可以给宝宝讲一个平淡而短小的故事。这种故事，若在一段时间内每晚都重复讲述，对宝宝有催眠的作用。

4. 睡觉前父母最好给宝宝洗洗脸和手脚，以起到清洁皮肤、促进血液循环的作用，使宝宝睡得更香。

5. 白天小睡的时间不要超过 4 小时，尽量多与宝宝沟通交流、玩耍、说话，利用清醒的时间进行早期教育。

⊙ 贴心提示

睡前有一个比较固定的仪式有利于培养宝宝入睡的习惯，如洗澡、按摩，然后和宝宝亲热、依偎或唱歌，等宝宝稍大些可以看图画书、读故事书、做手指游戏，时间不要太长，约半小时，宝宝就会养成习惯，学会自己入睡。

读懂：小动作

🍼 踢脚

宝宝踢脚可能表达的意思：解小便了。

一般情况下，当宝宝感到有水从自己身体排出而弄湿了尿布的时候，宝宝就会通过踢腿来表示惊讶；也有可能是宝宝想面向父母，跟父母有些互动。

父母看到宝宝踢脚的时候，首先要检查一下宝宝是否解小便了，如果没有的话那就把宝宝换一个舒服的姿势，或者与宝宝互动一下，做一些小游戏。

🍼 转头

宝宝转头可能表达的意思：需要一点时间去了解发生什么事。

有时候宝宝会把头转向另一个方向，让自己有一点时间去领会刚刚看到的事情是什么。另外，也有可能是宝宝觉得被欺负了，感到生气，于是把头扭过去，不理会父母。

父母看到宝宝突然转过头去的时候，可以先等一等，看宝宝是否被别的东西吸引了注意力或者在反应刚才看到的事物。如果隔了一会儿宝宝还是不转过头来的话，那可能就是宝宝生气了。这时家长可以拿宝宝平时爱玩的玩具来逗宝宝，或者用手轻抚宝宝哄其开心。

🍼 揉眼睛

宝宝揉眼睛可能表达的意思：困了。

和大人们一样，宝宝感觉到困倦的时候也会揉眼睛。

父母看到宝宝揉眼睛时，首先确定一下是不是什么东西进入了宝宝的眼睛里。如果没有的话，宝宝既揉眼睛，又打哈欠，或者打挺哭闹，那么就可以确定宝宝是累了，想睡觉了。这时可以给宝宝读一些小故事，或者唱一段舒缓的童谣，哄宝宝入睡，让宝宝休息一下。

🍼 张开手臂

宝宝张开手臂可能表达的意思：心情很好。

这表示宝宝身心放松，并且对身边的事物感到好奇。

当看到宝宝做出这种动作时，父母要观察宝宝的表情。如果宝宝真的是手舞足蹈、情绪高涨，父母应该趁宝宝开心陪宝宝做一些有趣的亲子游戏，或者拿上宝宝最喜爱的玩具，带着宝宝到室外去活动一下，这对宝宝的健康成长来说是很有必要的。

小儿过敏性鼻炎：多发于秋冬季节

小儿过敏性鼻炎是指宝宝对尘螨、霉菌、冷空气、花粉、食物（如鸡蛋、鱼、虾），以及细菌感染（如细菌上的菌体、毒素）等产生的鼻黏膜的过敏反应，是常见的一种慢性鼻黏膜充血的病症。

过敏性鼻炎的表现

患鼻炎的宝宝会鼻塞，遇到冷空气时会连续打喷嚏，经常流清鼻涕，宝宝的记忆力也会减退，嗅觉会变差。

许多宝宝还可能伴有鼻子痒、眼睛痒和流眼泪的症状，表现为反反复复搓鼻子（抠鼻子）和揉眼睛（过敏性鼻炎引起的结膜炎）。

还有一些患过敏性鼻炎的宝宝可以发展为突然阵发性咳嗽（干咳为主）甚至哮喘，称为"过敏性鼻炎哮喘综合征"。

患过敏性鼻炎后的应对措施

1. 如果宝宝对毛皮或螨虫过敏，把羽绒枕头、羽绒被子等统统撤掉；家里常用吸尘器清洁环境，而不要用扫帚扫地；卧室的门窗要经常打开，保持空气流通。

2. 如果是对化学气体过敏，则对居家环境的装潢布置就要特别注意，尽量使用绿色环保的装潢材料。

3. 如果过敏非常厉害，可以用抗过敏的药，有局部用的，也有全身用的，例如布地奈德鼻喷雾剂等，在医生指导下使用。

4. 如果是感冒后诱发的过敏性鼻炎，主要是要锻炼体质，减少感冒，也能起到预防的作用。

5. 如果是季节性的过敏，比如说宝宝每到 9 ~ 10 月都会出现过敏性症状的话，最好提前 1 ~ 2 个月就采取预防措施，那么到时即使出现了过敏性鼻炎，症状也会减轻很多。

打鼾：并非睡得香

宝宝在正常的情况下，睡觉是安静的，呼吸均匀，如果宝宝睡觉打鼾，可能不意味着宝宝睡得香，而是宝宝通过打呼噜发出自己睡得不舒服的信号或是某种疾病的信号。

🍼 宝宝打鼾的原因

宝宝若出现轻微的打鼾，妈妈要首先看看宝宝的睡眠姿势是否合适，枕头有没有按平、是不是偏高，妈妈只要调整好宝宝的睡眠姿势和枕头高度，宝宝就没有鼾声了。

宝宝感冒时，会流鼻涕，鼻腔黏膜充血、水肿导致鼻子不通气也会导致宝宝打鼾，宝宝感冒好了之后，就不打鼾了。

宝宝打鼾还可能是一些疾病引起的，最常见的有慢性鼻炎、鼻窦炎、鼻息肉、腺样体肥大、扁桃体肥大、支气管炎。

🍼 长期打鼾要引起警惕

宝宝睡觉长期打鼾，张口呼吸，并有不同程度的呼吸暂停或呼吸不畅，伴有夜惊或易怒，这是医学上的睡眠呼吸暂停综合征，宝宝经常出现睡眠呼吸暂停综合征会影响生长发育。

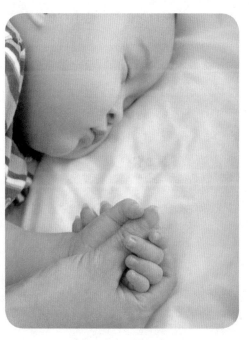

宝宝晚上打鼾，一方面宝宝会出现睡眠不安稳，夜间哭闹，影响宝宝的生长激素的分泌，导致宝宝生长发育减缓；另一方面，宝宝呼吸暂停，会使吸入的氧气减少，导致血液含氧量下降，影响心肺功能，使大脑处于缺氧状态。

挑食：有时候只是尝试次数不够

如果宝宝出现挑食，不喜欢某一种食物，这是正常的，有时候需要 15 ~ 20 次的尝试，才能让宝宝接受一种食物。当宝宝出现挑食的现象时，妈妈不妨使用一些小策略来改善这种情况。

允许宝宝有一定的选择权

1. 营造温馨用餐气氛，共同布置餐桌，让宝宝选择餐具、座位。

2. 进餐时有轻松的交流：宝宝对某一食物挑食，妈妈可以采用一些建议的口吻或说话技巧。如：先吃这个（宝宝不是很喜欢的）后吃那个（宝宝特别喜欢的）好吗？就吃三口或两口怎么样？这个和那个拌着吃更好吃，我们一起尝尝好不好？注意：允许选择，绝不是迎合宝宝的挑食。有些妈妈常常事先征求宝宝的意见，问宝宝想吃什么好菜，这无疑是教宝宝学会挑食。允许选择一般是在宝宝自己提出不愿吃的时候。

3. 细心的妈妈在食物设计和烹饪技巧上要尽可能有变化：当宝宝不喜欢某种食物时，要分析烹饪中是否有问题，例如，不要一连几天重复同一种食物，食物一定要有变化，可以将宝宝喜欢的食物和不喜欢的食物搭配起来。

4. 时常启发宝宝对食物的兴趣：可以用小故事启发宝宝，例如，某某就是吃了什么才长得高，成了冠军；某某动画明星，很喜欢吃鸡蛋才有本事。或者妈妈用赞赏的表情和语言诱发宝宝食欲。

5. 妈妈自己不要挑食：妈妈自己不吃的某种食物，只要是好的，利于宝宝生长发育的，也要做给宝宝吃，并尽量表现得自己很喜欢吃的样子。

6. 当宝宝吃饭感觉香甜、不挑食时，妈妈要有关心和高兴等积极反应，并给予表扬，以达到强化的目的。

游戏：**颜色**

游戏目的：辨识颜色、刺激大脑、锻炼认知能力。

游戏准备：红色小桶、黄色水果筐和蓝色盘子各 1 个（可用 3 种颜色的纸铺在同样的盘子上来代替），3 种颜色的水果若干。

游戏做法：

1. 妈妈示范将水果按对应颜色摆放，鼓励宝宝模仿。

2. 若宝宝已掌握这 3 种颜色，妈妈可以直接要求，比如，"将红色的水果放在红色小桶里"。

3. 若宝宝还未能掌握这 3 种颜色，妈妈可以让宝宝将水果放在"一样颜色"的地方。

游戏：**躲猫猫**

游戏目的：延长宝宝对某一事物的专注力。

游戏准备：毛巾 1 条，薄手帕 1 条。

游戏做法：

1. 妈妈用毛巾挡住自己的脸，并问宝宝："妈妈在哪儿？妈妈去哪里呢？"然后移开毛巾，重新露出脸来。

2. 妈妈用薄手帕短时间地遮住宝宝的眼睛，用高兴的口吻对宝宝说："宝宝看妈妈！"然后快速把手帕拿走，在宝宝看到自己时，对宝宝说："躲猫猫！"很快，宝宝就学会自己把手帕拿开了。

尖声叫喊：是说话、发音的准备

宝宝有的时候会大声尖叫，但不是哭闹时，妈妈一定要注意了，这是宝宝在吸引你的注意，妈妈要多关心宝宝。

🍼宝宝的尖声叫喊是传递语言信息的一种表达方式

尖声叫喊，注意，不是哭喊，是宝宝为将来语言表达或学会说话发音做准备。

宝宝有时会认为大声尖叫是很有趣的活动，感觉很好玩，甚至有时尖叫达到10分钟，妈妈不要认为宝宝这是哭闹，就责备宝宝，宝宝这是练声呢。

宝宝发出尖叫声也是测试宝宝嗓子的最普遍的途径，宝宝在练习自己的发音系统。

宝宝有时通过大声尖叫表达自己的需要，如果宝宝的叫声吸引了妈妈的注意，宝宝下一次叫声会更大，发出尖叫声的时间会更长。

若有的宝宝还不会发出这种尖叫声，妈妈也不要着急，因为不同宝宝个体发音有区别。

宝宝的尖叫声不仅可以锻炼宝宝的发音系统，还让宝宝表达了自己的需要，若得到妈妈的关注，宝宝就会很开心，有利于亲子关系的建立。

妈妈听到宝宝尖声叫喊时，一定要安慰宝宝、拥抱宝宝、抚摸宝宝或对宝宝说话。

210　育儿一天一页

玩"小鸡鸡"：与玩手指是一样的意思

有的宝宝什么都不懂，却会玩弄自己的"小鸡鸡"，并从中得到乐趣，有时还会出现勃起，这使父母感到焦虑困惑。

实际上，宝宝的这种行为与成人或少年有意识的行为不同，宝宝是在摸玩自己时，发现了抚摸"小鸡鸡"很舒服。其实男孩在妈妈子宫里"小鸡鸡"就能勃起了，这是一种生理反应。宝宝玩弄"小鸡鸡"就像玩自己的手指一样。

对于宝宝玩"小鸡鸡"，用玩具或者游戏来转移注意力即可

如果发现宝宝玩"小鸡鸡"，父母不必大惊小怪，也不要呵斥宝宝。

1. 平静对待宝宝的这种行为：这么小的宝宝还没有性的概念，玩自己的"小鸡鸡"，仅仅因为宝宝对这个器官感兴趣，就好比宝宝玩自己的小手、小脚和肚脐眼一样。宝宝的这种行为并不值得父母担忧，父母没必要把事情看得那么严重，只要平静地看待宝宝的这种行为就可以了。

2. 用玩具或者游戏来转移宝宝注意力：给宝宝一个好玩的玩具或者和宝宝玩游戏，如让宝宝搭积木、玩球类游戏等都是不错的选择。

多夸夸：亲子感情更浓厚

心理素质的好与坏，与儿童时期父母对于宝宝的培养与引导是有很大关系的。那应该如何在宝宝成长的过程中引导他，如何培养一个心态健康又能判断是非的宝宝呢？

有技巧地鼓励与表扬

妈妈每天要观察宝宝，宝宝做对了妈妈就要表扬宝宝并不断地强化宝宝坚持去做的信念，并告诉宝宝："你真棒！"宝宝做错了，妈妈要告诉宝宝这样做是错误的，妈妈不喜欢或宝宝不能做，并做出相应的表情。

比如妈妈在教宝宝认识灯时，宝宝会主动去抓台灯，这样很危险，妈妈应该告诉宝宝："不能抓。"妈妈不要觉得宝宝太小，就不管宝宝，妈妈也不生气，这样会使宝宝不分是非，时间久了，就变得任性，不听话了。

听音乐：喜欢简单、重复的旋律

通常，宝宝喜欢简单而具有重复性节奏的音乐。明白、流畅、欢快的大调旋律比忧伤暗淡的小调旋律更加让宝宝喜欢。

妈妈给宝宝洗澡、哄睡觉、叫起床时，可以哼上一段小曲，每次都哼唱相同的一首。重复的哼唱有助于宝宝理解歌曲表达的意思，不仅可以调节宝宝的情绪，还可以加强宝宝的理解力和记忆力。

第 270 天

防范意外：电源插座得有保护装置

宝宝好奇心强，从会爬行开始，满屋子乱转，到处探险，看见小洞就用小手去捅，甚至学习父母用镊子等金属器具插入电源插座双孔里"修理"，还有不少宝宝喜欢帮助父母给手机充电，这些都容易发生触电事故。

注意家里的每一处用电装置

家中的电源插座要选用有保护装置的，市场上有卖安全插座和插座挡板或者专门用来封堵插座孔的安全绝缘盖，有宝宝的家庭可考虑使用。

要检查各种插座是否漏电，有无安装漏电保护器；不要乱接乱拉电线，过长的电线或延长线也应妥善收藏，或固定于墙面、地面，以免绊倒宝宝或缠绕宝宝身体；各种电器用的移动插座要放在宝宝不易摸到的地方。

第10个月
颤颤巍巍学走路

宝宝的生理、感觉、心理发育

🍼 生理发育

	男宝宝	女宝宝
体重	10.09±1.01（千克）	9.48±0.86（千克）
身长	74.30±2.20（厘米）	72.00±2.00（厘米）
头围	45.90±1.20（厘米）	44.90±1.40（厘米）
胸围	45.70±3.90（厘米）	44.55±3.75（厘米）
牙齿	一般出牙 4～6 颗，多为上边 4 颗牙和下边 2 颗牙	

🍼 感觉发育

· 会咬自己的手指，并因为咬痛了而放声大哭。

· 能稳坐较长的时间，能自由地爬到想去的地方，能扶着东西站得很稳。

· 拇指和示指能协调地拿起小的东西，会做招手、摆手等动作。

· 能模仿大人说一些简单的词。

· 认识自己的玩具、衣物，还能指出鼻子、眼睛、脑袋、胳膊等自己身上的器官或部位。

🍼 心理发育

· 喜欢模仿着叫妈妈，也开始学迈步、学走路了，喜欢东瞧瞧、西看看，好像在探索周围的环境。

· 体格生长比以前慢一点儿，因此食欲也会稍下降一些，不喜欢被强喂硬塞。

喂养：适时用辅食代替一顿奶

自8个月起，哺乳次数可减去一次，以配方奶代替，以后母乳喂哺次数再逐渐减少，最后很自然地断奶。

断奶期妈妈和宝宝都有一个适应过程

妈妈不应该毫无准备地在几天内突然断奶，或在宝宝还不习惯各种食物时断奶，容易引起宝宝消化不良、腹泻，甚至影响生长发育。

但是，母乳喂养时间过长，对宝宝也不利，因为这时母乳中的营养成分已不能满足宝宝的需要，而宝宝留恋母乳，不愿进食其他食物，易导致营养不良（即奶痨）。

断乳最好在春、秋两季，如果正是夏季，可以提前或稍微推迟一些时间断奶，因为宝宝由哺乳改为吃饭，必然会增加胃肠的负担，加上天气炎热，消化液分泌减少，胃肠道的功能降低，容易发生消化功能紊乱而引起消化不良，甚至发生细菌感染而导致腹泻。

辅食种类：可添加的

主食类

主要是淀粉及糊类食品，本阶段仍然以米粉、米糊、粥、面食等为主。粥一般加肉、蛋、蔬菜等熬制；面食除面条外，面包、小块的馒头仍然是锻炼宝宝咀嚼能力的好方法。

肉、蛋、鱼类

鸡肉、猪肉、牛肉、鱼、虾、动物肝、动物血等用得多，还可增加除鸡蛋外其他蛋类的使用频率。

蔬果和豆制品

本阶段仍然要谨慎避免葱、蒜、姜、香菜、洋葱等味道刺激的食物，豆制品中可以选择豆腐和豆干。

汤汁类

可以继续制作各种果汁和菜汁，一些菜汤、鱼汤、肉汤也可喂给宝宝，高汤可代替白开水来制作辅食了。

磨牙食物

可以给宝宝买磨牙饼干，也可以自己在家里烤一些馒头片、面包干。

鱼松和肉松

市售的鱼松和肉松其实不太适合宝宝吃，但可以偶尔作为调料使用。妈妈可以自己在家里制作一款符合宝宝胃口的鱼松或肉松。

辅食特点：时常更新食谱、适当增加硬度

🍼 时常更新宝宝的食谱

现阶段宝宝的食谱可包括乳制品、谷类、各种蔬果、肉类等。妈妈最好能够做到经常翻新和轮换宝宝的每日菜谱，避免餐餐相同。

特别要提醒各位妈妈的是，要注意荤素搭配，这样宝宝才能更全面地吸收营养。主食除粥外可增加吃面条、馒头的次数，可更替进食。

进餐次数可每日 5 次，除早、中、晚餐外，上午和午睡后还可加一次点心，食欲好的宝宝也可以每天喂 4 餐。每餐食量中早餐应多些，因为宝宝早晨醒后食欲最好，能吃下较多的食物；晚餐应清淡些，利于宝宝睡眠。不过要注意必须先喂辅食，后喂母乳，以利于断奶顺利进行。

🍼 适当增加辅食的硬度

通常情况下，宝宝要到 18 ~ 24 个月时嚼东西才会用磨牙。在现阶段，宝宝还是在使用牙龈"咀嚼"食物，但是这种"咀嚼"的效果却很不错。对于此时的宝宝来说，会觉得啃稍硬一些的食物很舒服。所以父母可适当喂宝宝吃一些硬度较大的食物，如烤馒头片、饼干、脆面包片、去皮的苹果片、稍微煮过的胡萝卜条等，从而锻炼宝宝的"咀嚼"能力，促进宝宝牙齿生长。但父母要注意，喂给宝宝的是用牙龈"咀嚼"后一定能融化的食物，不然食物的残渣会留在宝宝的口腔中，容易滋生细菌或对宝宝的牙龈造成伤害。

各类食物硬度的大小：

米粥类：稀粥＜稠粥＜软饭。

面食类：烂面＜挂面＜面包／馒头。

肉类：肉末＜碎肉。

蔬菜类：菜泥＜碎菜。

⊙ 贴心提示

妈妈可以在食物的外形、烹调技术及方法上下一些功夫，这样会使食物更加吸引宝宝；在注意色、香、味的同时还要注意宝宝饮食要清淡；烹调时可将食物切碎、烧烂，用煮、炖、烧、蒸等方法，但不宜油炸及使用刺激性配料。

汤泡饭：最好不要这样做

宝宝刚刚会吃饭的时候，妈妈想让宝宝吃得快一点，常常用汤泡饭。慢慢的，宝宝会养成每次吃饭都想用汤泡饭的习惯。

🍼 用汤泡饭对宝宝有害无益

1. 长期食用汤泡饭，宝宝会养成囫囵吞枣的习惯，除了难以养成良好的进食习惯，还会使咀嚼功能减退，咀嚼肌萎缩，严重的会影响成年后的脸形。

2. 大量汤液进入胃里，会稀释胃酸，影响消化液分泌，从而影响消化吸收。即使宝宝吃得饱，营养却没吸收多少。

3. 由于不经咀嚼就吞咽食物，会大大增加胃的负担，长此以往，宝宝在很小的年龄就可能患胃病。

4. 宝宝的吞咽功能差，吃汤泡饭，很容易使汤液米粒呛入气管，造成危险。

喝汤不吃肉：丢了西瓜捡芝麻

有的妈妈觉得肉汤的营养会更丰富一些，于是就每天换着花样地给宝宝煲各种汤，如鱼汤、鸡汤、鸭汤等，吃的时候也是光给宝宝喝汤，反而忽略了给宝宝吃肉。

🍼 肉汤中的主要营养仍然在肉中，而不是在汤里

由于煲汤时水温升高，动物性食物中所含的蛋白质遇热后发生蛋白质变性，就凝固在肉里，真正能溶到汤中的蛋白质是很少的。如果宝宝只喝汤、不吃肉，就等于"丢了西瓜捡芝麻"，把绝大部分营养素都丢失了。

食谱：现在可尝试的

🍼 豆腐软饭

材料：

大米100克，豆腐50克，青菜30克，肉汤（鱼汤）适量。

做法：

1. 大米淘洗干净，煮成软饭。

2. 将青菜洗净，切碎；豆腐放入开水中焯一下，切成小块。

3. 将煮好的米饭放入小汤锅内，加入肉汤（鱼汤）一起煮，煮开后加豆腐块、青菜碎，煮软即可。

营养小贴士：软饭能很好地锻炼宝宝的咀嚼能力，并且是从粥到成人饮食的过渡。

🍼 鱼香饭团

材料：净鱼肉80克，软饭1小碗，海苔2片。

做法：

1. 将净鱼肉放入小汤锅中煮熟，捞出后压碎。

2. 将煮熟的鱼肉碎包在米饭中，然后揉成小圆球或用模具做成好看的造型。

3. 将海苔切碎后撒在饭团上即可。

营养小贴士：在软饭基础上，妈妈可以混搭一些蛋白质含量高的肉类，也可以加入蔬菜等。妈妈可以根据宝宝特点，由软到硬、循序渐进地增加辅食。

游戏：模仿发音

模仿发音是语言训练的重要方法，将声音与某个具体的事物结合，该声音就成为该事物的语言信号。

游戏目的：让宝宝结合具体的事物模仿大人的声音，促进宝宝的语言更进一步发展。

游戏做法：

1.妈妈与宝宝一起玩游戏，一边玩一边发出相应的声音，让宝宝模仿发音或主动发出声音，例如玩玩具汽车时发出"嘟嘟——"声，玩飞机时发出"轰轰——"声等。

2.妈妈与宝宝一起看有关动物的图片，边看边学动物叫的声音，让宝宝模仿发音，例如，狗——"汪汪"，猫——"喵喵"，小鸭——"嘎嘎"，青蛙——"呱呱"，等，然后一张一张地展示图片，鼓励宝宝发出相应的声音来。

3.妈妈给宝宝讲简单的故事或念儿歌，突出其中一些有趣的声音，如敲门声、动物语言（叫声）、刮风声、下雨声等，让宝宝模仿其中的声音。

⊙ 贴心提示

父母在与宝宝玩玩具、做游戏、进行运动训练时，当宝宝的兴趣达到一定的程度时，可以轻轻地发出欢呼声或尖叫声，鼓励宝宝模仿发出类似的声音，同时给予身体上的接触和安慰（如摸摸头、拍拍肩、抱一抱等），游戏应当在宝宝高兴时进行。

走路：宝宝是如何学会走路的

宝宝学走路有以下几个阶段。

🍼10个月的宝宝想自己扶物站起来

通过用手扶着身边的东西如护栏、墙壁、凳子等站起来，若宝宝第一次自己站起来了，就会不断练习站起来，然后不满足于扶物站着，慢慢地松开手，想独立站着，渐渐地，宝宝就具备独立站稳的能力了。

🍼11个月的宝宝练习蹲和坐

妈妈应该教宝宝弯曲膝盖蹲下去和宝宝站累了如何坐下来，宝宝学习从站立到蹲或坐很辛苦，也很危险，妈妈要注意保护宝宝安全。平时妈妈可以先让宝宝站起来，再将玩具放到地上，让宝宝练习捡玩具。

🍼12个月的宝宝尝试走

这时宝宝具备学走路的条件，若宝宝抓住妈妈的手或扶着墙壁，一点一点地向前挪，需要几周的练习才能独立走，这时宝宝还不能走得很好，身体会向前扑。妈妈可以和宝宝在小区散步时，让宝宝扶着小推车向前练习走。

🍼12~14个月宝宝会自己独立走

宝宝通过几个月学走路的练习，发现前面没有危险时，就会把身体重心移至双脚上，松开扶着妈妈的手，勇敢地迈出第一步，尽管有些摇摇晃晃，但是自己独立走的。

学步车：为什么不建议使用

到了学步的月龄，很多家长将宝宝固定在学步车中，然而，学步车绝不是一个可完全信任的保姆，对于成长中的宝宝来说，甚至是弊大于利的。

🍼 让宝宝使用学步车的弊端

1. 把宝宝束缚在狭小的学步车里，限制了其自由活动的空间。

2. 在正常的学步过程中，宝宝是在摔跤和爬起中学会走路的，有利于提高宝宝身体的协调性，让宝宝在挫折中走向成功。这会使宝宝产生一种自豪感，对增强其自信心很有好处，而学步车则减少了宝宝锻炼的机会。

3. 增加了危险性：如果将宝宝搁置在学步车中，父母去忙其他的事情，容易使宝宝发生意外，如撞伤及接触危险物品等。

4. 不利于宝宝正常的生长发育：宝宝的骨骼中含有机物多、无机物少，骨骼柔软，而学步车的滑动速度过快，宝宝不得不两腿蹬地用力向前走，时间长了，容易使腿部骨骼变弯，形成罗圈腿。

5. 许多宝宝不具备使用学步车的协调、反应能力，容易对身体造成损害，另外，在快速滑动的学步车中，宝宝会感到非常紧张，这不利于宝宝的智力发育和性格的形成。

学步鞋：怎么挑

一般来说，穿鞋子除了美观之外，最主要的功能是保护脚。宝宝的脚长得快，特别是会站、会走以后，选择一双大小合适的鞋子就非常重要了。因为宝宝还小，即使鞋子穿着不舒服也无法告诉妈妈，所以妈妈需要知道怎样为宝宝选择合适的鞋子才能有利于宝宝小脚的生长发育。

1. 看尺寸：宝宝的脚趾碰到鞋尖，脚后跟可塞进大人的一根手指为宜，太大与太小都不利于宝宝的脚部肌肉和韧带的发展。

2. 看面料：布面、布底制成的童鞋既舒适，透气性又好；软牛皮、软羊皮制成的童鞋，鞋底是柔软有弹性的牛筋底，不但舒适，而且安全。不要给宝宝穿人造革、塑料底的童鞋，因为这些鞋不透气，还易导致宝宝滑倒摔跤。

3. 看鞋面：鞋面要柔软，最好是光面，不带装饰物，以免宝宝在行走时被绊倒，以致发生意外。

4. 看鞋帮：刚学走路的宝宝，穿的鞋子一定要轻，鞋帮要高一些，最好能护住脚踝。宝宝宜穿宽头鞋，以免脚趾在鞋中相互挤压影响生长发育。鞋子最好用搭扣，不用鞋带，这样穿脱方便，又不会因鞋带脱落导致宝宝跌跤。

5. 看鞋底：宝宝会走以后，可以穿硬底鞋，但不可穿硬皮底鞋，鞋底以胶底、布底、牛筋底等为宜。鞋底要富有弹性，用手弯可以弯曲，防滑，稍微带点鞋跟，可以防止宝宝走路后倾，平衡重心，鞋底不要太厚。

游戏：拍手乐趣多

游戏目的：培养宝宝的节奏感。

游戏准备：宝宝情绪良好时。

游戏做法：

1.妈妈和宝宝面对面坐着，妈妈教宝宝第一种拍手方式：合掌式拍手，也即双手合上时五指对应，然后左右分开进行拍手。

2.妈妈教宝宝第二种拍手方式：上下拍手，也即交叉式握手，双手相合时五指成一定角度错开进行拍手。

3.妈妈和宝宝一起拍手：妈妈和宝宝面对面坐着，妈妈和宝宝的左右手互拍。

4.游戏进行时，妈妈可以给宝宝唱儿歌。

一拍手，二拍手，
拍掉尘土真干净。
三拍手，四拍手，
唱歌好听受欢迎。
五拍手，六拍手，
加油鼓劲争上游。
七拍手，八拍手，
天上打雷轰隆隆。
九拍手，十拍手，
拍得小手红通通。

坐便盆：可开始尝试

宝宝已经坐得很稳了，妈妈可以开始让宝宝自己坐便盆排尿、排便。

训练宝宝的排尿、排便习惯是有讲究的

排尿的习惯应从 2 ~ 3 个月开始养成，先减少夜间的喂哺次数，从而减少夜间的排尿次数。每天在宝宝睡觉前后或吃奶后给宝宝把尿，通过循序渐进的把尿训练，宝宝能将排尿的时间、姿势、声音有机地联系起来，形成排尿的条件反射，直至坐便盆自排尿。

宝宝坐便盆大便时，父母不能让宝宝吃东西，也不能逗宝宝玩耍，应该注意观察宝宝的面部表情。如果宝宝排便前眼睛瞪大、定睛凝视，父母应该以"嗯……"的声音给宝宝加把劲，用声音刺激助宝宝排便。

练习坐便盆的注意事项

1. 若宝宝一坐便盆就打挺、吵着闹着不肯排便或过了 5 ~ 7 分钟也不肯排便，则不必勉强宝宝必须坐在便盆上排便。

2. 每天必须坚持让宝宝坐便盆，时间一长，经反复练习，宝宝一坐便盆，就可以排尿、排便了。

3. 每次坐便盆时间不要太长，每次以 3 ~ 5 分钟为宜，久坐便盆，宝宝会因此发生脱肛。

4. 宝宝练习坐便盆时，必须由妈妈或爸爸托着或扶着，因为宝宝坐在便盆上不稳，易摔倒。

意外防范：烧伤、烫伤

对2岁以下的宝宝来说，烧伤、烫伤应该算是最容易遇到的意外伤害了。烧伤、烫伤的罪魁祸首是火和热水，而它们之所以能逞凶，则多由于父母的疏忽。

热液烫伤

热液烫伤主要发生在厨房、浴室和客厅。宝宝伸手够或拉扯桌布打翻放在桌子上的热水瓶、热汤，父母失手将端在手里的热汤打翻，洗澡时水温过高等，都是造成宝宝被热液烫伤的危险因素。

为了避免宝宝被热液烫伤，父母应该注意将热水瓶、热汤放在宝宝拿不到的地方，餐桌上也尽量不要铺桌布，以免宝宝不小心打翻盛热汤、热水的容器而被烫伤。端盛有热汤或热饭的容器时，不要装得过满，远离宝宝。放洗澡水时，把水温控制在40摄氏度以下，中途加水应先将宝宝抱出来，切忌直接向澡盆内加热水。

火焰烧伤

火焰烧伤多在家中发生意外火灾时发生，为避免这种情况，父母应采取一切措施防范意外起火。家中的所有易燃物品（如杀虫剂、汽油等）都应放在远离火源的地方，最好放在室外。如果家里有人吸烟，一定要远离易燃物，更不要躺在床上吸烟，以免不小心引起火灾。

接触性烫伤

接触性烫伤主要发生在冬天，当父母使用热水袋、电热毯等取暖设备为宝宝保暖时，很容易因为控制不好温度或使用时间过长使宝宝被烫伤。

要预防这种烫伤，父母应注意控制好这些取暖设备的使用温度、使用距离和使用时间，尤其是使用热水袋时，注意不要让宝宝的皮肤直接接触热水袋（最好在外面裹一条毛巾），同时不要使用太长时间，以免在不知不觉的情况下造成低温烫伤。

烧伤、烫伤后的紧急处理

第一步：降温。发现宝宝受伤后，父母应立即用流动的自来水冲洗宝宝的伤处，或将伤处浸泡在冷水中，使宝宝的皮肤快速降温。如果宝宝穿着裤子和袜子被热水烫伤，无法马上脱下衣物，可直接泡在浴缸里。降温处理一般持续 20 ~ 30 分钟。这里需要注意的是，不要将冰块直接放在宝宝伤口上，以免使宝宝的皮肤组织受伤。

第二步：处理伤口，送往医院。进行降温处理后，父母应小心地脱去宝宝的衣物（如果不方便脱可用剪刀剪开），然后用干净的床单、布单或纱布覆盖伤处，再尽快带宝宝到医院治疗。为了避免创面的感染，也为了不影响医生对病情的诊断，切忌在宝宝的伤处涂抹牙膏、酱油等谣传可以治烧伤、烫伤的东西。

不愿意洗澡：怎么办

带宝宝去洗澡，宝宝还没有进入澡盆就开始大哭大叫，身体打挺，不愿意进浴盆，只有将宝宝抱出浴室他才停止哭。

🍼 宝宝不愿意洗澡可能有以下几种原因

1. 洗澡水温度过高：宝宝现在会坐了，如果在洗澡时，坐在水盆中的宝宝突然站起来摸屁股，说明洗澡水温度过高。

2. 洗澡水温度过低：宝宝的皮肤出现鸡皮疙瘩，洗完澡后会出现打喷嚏现象，说明洗澡水温度过低。

3. 洗澡时意外地听到奇怪的声响：宝宝把洗澡和声响联系到一起，对洗澡产生了恐惧心理，导致宝宝害怕洗澡。

🍼 解决办法

白天的时候，妈妈可以先拿洗澡盆装 40 摄氏度以下的水，让宝宝用手玩水、拍水，慢慢地，宝宝的害怕心理消失，妈妈再让宝宝一只胳膊放入水中玩，然后两只胳膊，最后整个身体进入水中。

若宝宝还是不喜欢进入水中，妈妈也不要太着急，可以给宝宝几个不怕弄湿的玩具哄宝宝，让宝宝将洗澡和玩玩具联系到一起，就忘记了害怕洗澡的心理。

游戏：玩水

🍼 水中捞球

游戏目的：让宝宝感受水的浮力，锻炼其手眼协调能力。

游戏准备：几个塑料小球，一个塑料小桶，一个浴盆。

游戏做法：先把小球拿出来给宝宝看，然后放进浴盆里。把塑料小桶也放进水里，教宝宝用小桶把小球一个一个地捞出来，再把小球倒回浴盆里，反复玩。

接着，父母可以让宝宝自己用小桶捞球。也可以用其他可漂浮物代替小球给宝宝玩。

效果：可以练习宝宝抓握能力，锻炼其手部的力量。

乱扔东西、捡脏东西吃：是普遍现象，可引导

随着宝宝不断成长，一些坏习惯也悄悄萌芽了，这个阶段大多数宝宝的坏习惯主要有两种：爱乱扔东西，爱捡脏东西吃。

🍼 乱扔东西

当宝宝在无意中扔东西的时候，会异常兴奋，会认为自己又多了一项大本领，因此会非常高兴地进行多次重复，同时也希望引起父母的注意，能够给予他赞扬。

在重复扔东西这一动作的同时，宝宝实际上也是在学习。比如：他会观察物体的坠落轨道、方式，并注意不同物体落地时的声音；他会逐渐发觉扔东西和发出声音之间是存在着必然关系的，从而学习了逻辑知识；从扔出东西到等待声音，学会心理期待等。

虽说扔东西是宝宝一个必然的成长过程，但父母在这件事情上的不同态度会导致宝宝往不同的方向发展。正确的态度应该是：在宝宝开始掌握这项技能的时候，提供给宝宝一些适合的玩具（比如线球、皮球等等），并创造一个安全、宽敞的环境，让宝宝扔个够；当宝宝慢慢长大后，应注意逐渐淡化宝宝扔东西的行为，以免养成不良的习惯。

如果宝宝已经形成了扔东西的坏习惯，那么父母可以采取以下措施。

1. 耐心地告诉宝宝什么东西可以扔，什么东西不能扔，当宝宝扔了不能扔的东西或想要扔时，父母要用严厉的话语或表情告诉宝宝不能扔，然后拿一个可以扔的东西给宝宝扔。

2. 如果宝宝是因为生气、发泄而扔东西，那么父母应该细心观察，了解宝宝生气的原因，对宝宝进行安抚。

3. 有时宝宝扔东西只是为了引起父母的注意，所以只要稍微加强对宝宝的关注，让宝宝感觉到父母在注意他，就可以避免宝宝乱扔东西的坏习惯。

4. 父母要告诉宝宝扔出的东西要自己捡回来，这样可以有效地减少宝宝乱扔东西的次数。如果用直接诉说的方式宝宝无法理解的话，父母可以亲自做示范。

🍼 捡脏东西吃

这么大的宝宝辨别事物和是非的能力还比较差，没有辨别干净与否的意识，只要是他能拿得到并且想放进嘴里吃的，不管是掉在床上、桌上还是地上的东西，都是一样的。

这就需要父母在日常生活中给宝宝灌输东西掉在地上就脏了，不能再捡起来吃的正确观念。制止宝宝时，父母一定不要怒斥，也不要用手打掉宝宝手里的东西，这样会惊吓到年幼的宝宝，而是平静地将宝宝手中的东西拿走，换成可以给宝宝的东西，并用语言告诉宝宝。如果是捡起来洗洗还能吃的东西，要告诉宝宝："东西脏了，我们得洗一下才能吃。"如果是不能再吃的东西，要明确告诉宝宝不能要了，并立即将地上的脏东西打扫到垃圾桶里。

对于掉到床上、桌上的东西也要遵照上面的原则处理，不要以为干净就捡起来吃掉，这样会在无形中误导宝宝。

在户外，任何东西掉到地上都不能捡起来吃，即使看起来很干净。只要是掉到地上的东西，都有可能存在致病菌。

宝宝学说话：父母多鼓励、宝宝多练习

学说话是一个循序渐进的过程，父母越多跟宝宝交谈，宝宝学会说话的时间就越早。

🍼 正常情况下，只要多训练，就可以让宝宝尽早开口

首先要多跟宝宝说话，然后鼓励宝宝用语言表达自己的要求。有的父母只要宝宝用眼睛或者手指示意，就立刻满足宝宝的要求，让宝宝失去了说话的动力，这种情况要避免。

如果宝宝迟迟不说话，但对周围声音反应灵敏，说明宝宝的听力没有问题，就无须太过担心了。但是如果宝宝对周围声音漠不关心，没有反应，要尽早检查、治疗，进行干预。

早起闹腾：可趁机锻炼宝宝独自玩耍的能力

天还没亮，宝宝已经兴致勃勃地在小床上闹腾，弄得妈妈因睡眠严重不足而疲惫不堪。其实，宝宝一大早就起来，妈妈不妨趁机锻炼宝宝独自玩耍的能力。

🍼 适当克制自己，不要立即去关注宝宝

如果天气比较寒冷，可以先给宝宝穿好衣服，然后放下宝宝，给宝宝一些玩具让宝宝学会自己玩耍。只有在宝宝完全失去耐性、身体不太舒服或者确实遇到什么问题的情况下，妈妈才应该立即去关注宝宝。

如果妈妈对宝宝的关注太多太及时，宝宝习惯了妈妈这种及时雨般的关注，就会每天一睁眼就开始不停地闹腾，直到妈妈醒来为止。

第11个月

对什么都很好奇

宝宝的生理、感觉、心理发育

生理发育

	男宝宝	女宝宝
体重	10.35±1.05（千克）	9.82±0.90（千克）
身长	75.30±2.20（厘米）	73.70±2.20（厘米）
头围	46.00±1.20（厘米）	45.20±1.40（厘米）
胸围	46.35±3.85（厘米）	45.10±3.70（厘米）
牙齿	绝大部分宝宝已长齐2颗下中切牙、2颗上中切牙和2颗上侧切牙	

感觉发育

· 常常把家里的抽屉打开，把每件东西都拿出来看看、玩玩。

· 如果有箱子，就会钻进去。

· 能自由地向左右转动身体；能独自站立；扶着一只手能走，推着小车能向前走。

· 能用手捏起扣子、花生米等小东西，并会试探地往瓶子里装；能从杯子里拿出东西然后再放回去。

· 会模仿大人擦鼻涕、用梳子往自己头上梳等动作。

· 能够理解大人说的很多话，问宝宝："电灯呢？"他会用手指灯。问宝宝："眼睛呢？"他会用手指自己的眼睛，或眨眨自己的眼睛。

心理发育

· 喜欢和父母一起玩游戏，听父母给他讲故事。

· 喜欢玩藏东西的游戏。

· 喜欢认真仔细地摆弄玩具和观察事物。

· 喜欢把房间里每个角落都了解清楚，都要用手摸一摸。

喂养：不再以奶为主食

这个月的宝宝活动量增大，肠胃消化能力大大提高，乳牙也萌出几颗，咀嚼能力增强，已经可以咀嚼成形的固体食物，可以开始吃断奶后的饮食了。

但父母需要注意的是，不以奶为主食并不意味着完全停掉母乳或配方奶，因为宝宝在生长发育过程中无论如何都是离不开蛋白质的。虽然这一时期宝宝的饮食安排中包含动物性食品，能提供一些蛋白质，但量不足，因此必须要靠母乳或配方奶来补足。

辅食规律：逐渐形成每天 2 ~ 3 顿

这个月起，喂母乳次数可以逐渐从 3 次减到 2 次，也可以增加一次配方奶；而辅食要逐渐增加，早、中、晚餐可以辅食为主，逐渐形成每天吃 2 ~ 3 顿辅食的习惯，为断奶做好准备，但每日饮奶量应不少于 500 毫升。

还是要单独给宝宝做饭

虽然宝宝已经可以和大人一起吃三餐饭了，但宝宝的磨牙还没长出，不能吃大人吃的那种硬度的食物，水果类食物可以稍硬一些，但肉类、菜类、主食类还是应该软一些。

同时大人的食物对宝宝来说太咸，因此还是要单独给宝宝做饭，而且要注意食物种类的搭配，以保证营养均衡。

这一时期，尽管宝宝饮食品种已与普通饮食近似，但仍要注意以细、软为主，调味尽量淡，色泽和形状上尽可能多做变化来引起宝宝的食欲。

辅食要点：适时添加新品种

虽然此时宝宝的消化系统功能较以往已经增强了，但始终不能和大人相比，所以还不宜吃太多固体食物，最好的办法就是在现有的辅食基础上增添新品种。

1.适量给予颗粒状或切成块状的食物：一小勺煮软的豆类（如蚕豆、扁豆）、味道清淡的肉片（鱼肉、禽肉或猪肉均可）等。

2.饮食有主有副：主食可给予稠粥、烂饭、面条、馄饨等，副食可包括鱼、瘦肉、猪肝、蛋、豆制品及各种蔬菜。蛋类除鸡蛋外还可增加其他蛋类的使用频率，如鸭蛋、鹌鹑蛋等，但是量不要太多，一天最多 1 个蛋黄。

3.三餐之外增加点心：在早、午餐中间增加饼干、烤馒头片等固体食物，或一些酥软的手指状食物，让宝宝磨牙，以锻炼咀嚼和抓握感。

4.补充水果：每天适量给宝宝吃点水果，苹果、葡萄、梨、桃、香蕉都可以。吃之前一定要将水果和宝宝的手洗干净，生吃要削皮，有核的去核。如果宝宝能够自己拿在手里吃，那就尽管让宝宝拿着吃；如果不能，就要切成小块或小片。

用杯子喝水：可开始训练

宝宝长期频繁使用奶瓶有可能导致龋齿，当牛奶、果汁及其他饮料中的糖分与宝宝口腔中的细菌发生反应后，很容易形成腐蚀牙齿的酸质，而宝宝长时间叼着奶嘴就会使宝宝的牙齿完全浸泡在含有腐蚀牙釉质成分的液体中，形成龋齿。

经常含着奶嘴不仅妨碍宝宝的正常活动，还减少了宝宝学语言的机会，所以，父母应尽早给宝宝早使用水杯，这对接近1岁宝宝的身体发育以及认知能力的提高都能起到关键作用。

怎么训练宝宝用杯子喝水

1. 应该循序渐进：会用杯子喝水是一种复杂的技能，和用奶瓶喝水完全不同。不要一下子突然改用杯子喝水，这可能会使宝宝因为无法顺利喝水影响对杯子的好感，开始要用小勺喂水，宝宝会一口一口咽了，再用杯子。在用杯子时，起初只盛喝一两口的量，宝宝会喝了，再加多一点，而不是一次给许多水。

2. 应该持之以恒：由于宝宝受动作发育的限制，边喝边漏，没有轻重，打翻杯子是家常便饭，但不管怎样，训练一旦开始就不要再动摇。如果宝宝一哭一闹，妈妈就把奶瓶送回宝宝的嘴边，将对培养宝宝的新习惯非常不利。

游戏：画画

游戏目的： 发展宝宝的手眼协调能力，并教宝宝认识更多的颜色，对开发宝宝的想象力和创造力大有裨益。

游戏准备： 一张白纸，一把彩色铅笔或蜡笔。

游戏做法： 父母握着宝宝的手教宝宝握笔，然后在纸上画画，可以画太阳、大树、小鱼等等。画好线条后给太阳涂上颜色、给大树添上果实、给小鱼画上眼睛……然后鼓励宝宝在纸上随意涂画。

游戏：伸手指

游戏目的： 锻炼宝宝手的灵活性，教宝宝形成数字的概念并认识身体器官或其他物品，促进宝宝的思维能力发展。

游戏做法： 宝宝刚出生时两手是紧握着的拳头，还不会将手张开，手的活动能力比较差。慢慢地，会伸出大拇指了，吃手时也是吸吮大拇指。

让这么大的宝宝伸手，他往往是把五指同时伸开，只伸一根手指还是比较困难的。这时父母可以对宝宝进行手指训练，帮助宝宝伸出示指，并告诉宝宝这是"1"。然后依次再将中指、无名指、小指伸出来。

穿脱衣服：引导宝宝学会配合

宝宝现在的肢体协调性还比较差，有的宝宝觉得穿衣服的过程很不舒服，产生抗拒情绪，又是哭闹又是打挺，穿脱衣服比较费劲，这时父母重点要教宝宝学会配合。

用衣服本身吸引宝宝

在给宝宝穿衣服时动作一定要轻柔，同时要多跟宝宝说话，告诉宝宝衣服的颜色，各部位的名称，有什么样的作用，应该穿在哪里，怎么穿，等等，以此引起宝宝的兴趣，同时还能加强宝宝对语言的理解能力。

把穿衣服当成游戏

妈妈可以把穿衣服变成一项游戏，比如在给宝宝穿裤子时，可以编一些儿歌，一边抓住宝宝的小脚丫往裤腿里塞，一边说："小鸭小鸭钻山洞，钻到一半不见了，妈妈到处找小鸭。"然后问宝宝："宝宝的脚丫哪里去了呢？怎么不见了？你自己找找看。"这时候宝宝的注意力就会集中在裤腿上，然后趁机将宝宝的脚丫从裤腿里拽出来，惊喜地跟宝宝说："原来小鸭在这儿呢！"宝宝认识到穿衣服是这么有意思的一件事，以后也就乐意配合了。

训练"脱"的动作

对这么大的宝宝来说，"脱"是一个很重要的动作。可以在宝宝头上戴一顶帽子，并抱着宝宝照镜子，指着帽子说："宝宝戴帽子。"然后示范把帽子摘下来，说："宝宝摘帽子。"重新给宝宝戴上帽子，引导宝宝自行拉下帽子。当宝宝能主动拉下帽子时，就说明宝宝有了主动参与的意愿，这对引导宝宝配合穿衣服很有好处。

开裆裤：不安全、不卫生

传统习惯中，父母总是让宝宝穿着开裆裤，即使是在寒冷的冬季，虽然宝宝身上裹得严严实实，但小屁股依然露在外面冻得通红，这样容易使宝宝受凉感冒。所以在冬季要给宝宝穿闭裆的罩裤和棉裤，或穿有松紧带的毛裤。

另外，穿开裆裤还很不卫生。宝宝穿开裆裤坐在地上，地表上的灰尘、垃圾都可能粘在屁股上。此外，地上的小蚂蚁等昆虫或小的蠕虫也可能钻到外生殖器或肛门里，引起瘙痒，甚至可能引发疾病。穿开裆裤还会使宝宝在活动时不便，如玩滑梯时不容易滑下来，并且宝宝穿开裆裤摔跤、跌倒后容易受外伤。

穿开裆裤的另一大弊端是交叉感染蛲虫。蛲虫是生活在结肠内的一种寄生虫，在遇到温度变化时便会爬到肛门附近产卵，引起肛门瘙痒，宝宝因穿开裆裤便会情不自禁地用手直接抓抠。这样，手指甲里便会有虫卵，宝宝吸吮手指时又将虫卵吃进体内，重新感染，而且还会通过接触玩具、滑梯使其他小朋友被感染。

因此，从宝宝开始逐渐养成用便盆排便的习惯后，就应让宝宝穿闭裆裤，并让宝宝逐渐养成坐便盆和定时大小便的习惯。

玩具箱：锻炼整理能力

妈妈为了给宝宝开发智力，会买很多东西，包括瓶子、书、盒子、电动车、玩具狗、小球、电动手枪等，堆满了屋子，所以也需要给宝宝准备一个玩具箱。

妈妈现在给宝宝一个玩具箱，教宝宝整理玩具，待宝宝到幼儿期时，就可以自己整理玩具，学会自己的事情自己做，培养了宝宝的独立性。

妈妈给宝宝的玩具箱不要太大，应该放在宝宝平时能够得着的地方，方便宝宝随时取随时放。

使用玩具箱锻炼宝宝的整理能力

妈妈可以先将几个玩具放在玩具箱外，然后鼓励宝宝将玩具放回玩具箱，每天反复练习，宝宝就会主动将玩具摆放到玩具箱内。

现在宝宝喜欢到箱子内翻找东西，宝宝会很高兴地从里面拿出一个玩具，直到将箱子里的玩具全部拿出为止。然后，宝宝会将玩具一个一个地全部放回箱中。宝宝一个人都会玩得很开心。

妈妈每次看到宝宝往箱中放入一个玩具，都要鼓励宝宝，这样宝宝会更喜欢将玩具放回去。

通过把玩具拿出来和放回去的动作，锻炼了宝宝的手指分化能力，同时也提高了宝宝的鉴别能力。

⊙ 贴心提示

为了避免宝宝弄坏玩具，妈妈可以将宝宝玩坏了或不玩的玩具挑出来装到玩具箱里。若有易碎的或不适合宝宝现在玩的玩具，妈妈应该帮宝宝挑出来，待宝宝大一些时再拿出来给宝宝玩。

恋物: 不等于恋物癖

"恋物"是婴幼儿成长过程中的一种正常现象，是宝宝在从"完全依赖"转变为"完全独立"的过渡期所产生的行为。

通常情况下，宝宝从 6 个月开始就有了依恋的情感需求，希望得到父母的抚摸和疼爱。如果此时父母经常与宝宝分离，宝宝得不到足够的爱，就会缺乏安全感，恋物也就会随之产生，也就是宝宝对某样物品特别依恋，实际上这是宝宝将对父母的依恋转移到物品上的表现。

恋物 ≠ 恋物癖

说起"恋物"，许多人可能会不自觉地联想到"恋物癖"，实际上，这是两个完全不同的概念。恋物癖多发生于成年人，是一种心理疾病，和宝宝对某一物品的依恋完全不是一回事。

最容易让宝宝产生依恋的物品

1. 奶瓶或妈妈的乳房：这也是为什么宝宝断奶那么困难的原因。

2. 自己的手指或拳头：宝宝喜欢吃手除了是对事物的探索外，还有部分是缺乏安全感，想寻求依赖的原因。

3. 柔软、温暖的物品，如被子、毛毯或毛绒玩具：有些宝宝会整日抱着毛绒玩具或小毯子、被子，脏了也不让洗，如果谁跟他要，就会哭闹不止。

4. 照顾者的身体：有的宝宝睡觉时总得抱着照顾者的胳膊或腿，不然就不能入睡。

如何干预宝宝的过分恋物行为

一般情况下，宝宝恋物并不是什么严重的事情，父母也不需要过分干预。因为随着宝宝逐渐长大，有了足够的精神力量来适应和面对社会的时候，就会自然而然放弃所恋之物。

但是，如果宝宝过分依恋某样东西，比如小毛巾一刻也不离身，谁也不能碰、不能洗，而且这种恋物行为持续很长时间，一直到上学甚至更久，那就说明宝宝严重缺乏安全感。这样下去有可能会给宝宝将来的社会交往带来障碍，有必要进行心理干预。

1. 尽量多和宝宝在一起，减少宝宝独处的时间。

2. 平时多拥抱宝宝，多拍抚宝宝的后背和头顶。

3. 不要硬性要求宝宝独自睡，睡觉前父母陪伴宝宝并给宝宝讲故事。

4. 多准备几个"迁移物"，如几个相似的毛绒玩具或一两个小枕头，让宝宝无法对某一个"情有独钟"。

5. 多和宝宝做游戏，带宝宝到户外玩耍，拓展视野、丰富玩耍对象，引导宝宝把注意力和兴趣朝更广泛的方向发展。

游戏：捡玩具

游戏目的： 训练宝宝的体能，提高宝宝的手部精细动作能力、手眼协调能力、思维能力、对物品名称的认识以及和父母的交流能力。

游戏准备： 在地上放一个箱子，里面放一些玩具。

游戏做法： 让宝宝站在箱子旁边，妈妈蹲在宝宝面前，对宝宝说："妈妈喜欢小猴子，宝宝把小猴子拿给妈妈好吗？"如果宝宝没有听懂，妈妈可以多重复几遍，还可以加一些手势帮助宝宝理解。

宝宝听到妈妈的请求就会看箱子里的玩具，找到小猴子后就会慢慢从站位变成蹲位或坐位，拿出小猴子递给妈妈。这时妈妈要大声夸奖宝宝，并抱起宝宝亲一亲。

宝宝看到妈妈兴奋的神情就会有一种胜利感，即使妈妈不发出请求，宝宝也会再把小猴子递给妈妈。宝宝每做到一次，妈妈就要高兴地夸奖宝宝，千万不要没反应。

游戏：翻书

游戏目的： 锻炼宝宝手指的灵活性，培养宝宝专注的性格，发展宝宝的认知能力。

游戏准备： 几本图画书。

游戏做法： 父母拿图画书给宝宝讲故事，边讲边帮助宝宝翻页，直到最后宝宝能独立翻书。最好使用专供婴幼儿阅读的大开本彩图书，书页要厚一些，画面大一些，字大而少，故事有趣。

如果宝宝从未经历过翻书讲故事，那宝宝可能就不会翻开书页，这时父母要给予耐心指导。

宝宝开始时可能不分倒顺和次序，要通过认识简单的图形逐渐调整。当宝宝的空间知觉发育越来越好时，自然就会调整过来。

疱疹性咽峡炎：高热伴口腔水疱

疱疹性咽峡炎是由柯萨奇病毒 A 组和新型肠道病毒 71 型引起的急性上呼吸道感染性疾病，主要表现为不同程度的发热、咽痛，体温一般在 37.7 ~ 40 摄氏度。婴儿患病的话经常会流口水、不肯进食。这种疾病多见于婴幼儿和学龄前儿童，男孩发病率略高于女孩。

疱疹性咽峡炎的特点

1. 一年四季均可发病，但大多于夏秋季流行。

2. 患病的宝宝会突然呕吐，体温在 37.7 ~ 40 摄氏度，不想吃东西。

3. 咽喉深处上方有钟乳石般倒垂着的东西，舌头两侧有许多小水疱，水疱破裂后变成米粒大小的红点，高热持续 4 ~ 6 天下降。

4. 宝宝如果免疫时间不长则可能重复感染，有时会导致患病的宝宝手脚上长出大豆般的疹（手足口病），目前没有特效药来治疗疱疹性咽峡炎。

如何护理

1. 宝宝如果患上疱疹性咽峡炎，父母要多给宝宝喝白开水，吃清淡、易消化的食物，保持大便通畅。

2. 父母要注意，应给宝宝喂食冷流食或半流食。太热的食物会使宝宝的咽痛加重，所以要给宝宝吃一些不太热而且清淡、易消化的食物，还可增加一些蔬菜汁。

3. 如果宝宝出现高热的情况，父母应当遵照医嘱给宝宝服用适量的退热药物，或者使用物理降温的方法给宝宝进行降温和退热，以免宝宝因体温过高而惊厥。

4. 如果宝宝拒食或者进食困难，应及时到医院进行治疗。

如何预防

夏秋季是柯萨奇病毒和肠道病毒活跃的季节，也是疱疹性咽峡炎的高发季节。所以在这一时间内父母们要特别关注宝宝的饮食与生活，加强预防环节。预防要点是避免宝宝着凉，尤其是不要淋雨；保证宝宝的充分休息和睡眠，不要让宝宝过度疲劳；夏天时要特别注意防止宝宝中暑及便秘等，以免因此而引起机体抵抗力下降，增加疱疹性咽峡炎的发生机会。

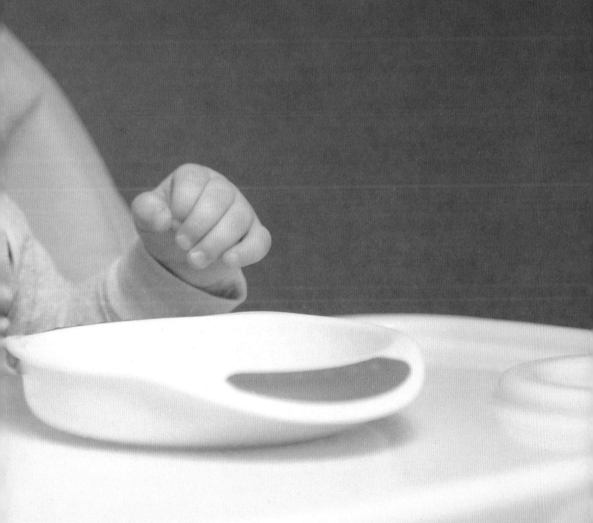

第12个月

周岁啦

第
331~333
天

宝宝的生理、感觉、心理发育

生理发育

	男宝宝	女宝宝
体重	10.69±1.11（千克）	10.29±0.99（千克）
身长	76.20±2.50（厘米）	74.60±2.40（厘米）
头围	46.70±1.20（厘米）	45.60±1.40（厘米）
胸围	46.90±3.90（厘米）	45.50±3.70（厘米）
牙齿	有的宝宝已萌出 8 颗乳牙	

感觉发育

· 总想到处跑，喜欢到户外活动，观察外边的世界。

· 对人群、车辆、动物都会产生极大兴趣。

· 喜欢看图画、学儿歌、听故事，并且能模仿大人的动作。

· 如果妈妈问他喜欢这个玩具吗？他会用点头或摇头来表达。

· 已经能够直立行走了，这一变化使宝宝的眼界豁然开朗。

· 虽然自己能拿着食物吃得很好，但还用不好勺子。

· 开始能说许多话，并且很喜欢说话，喜欢和别人交谈。

心理发育

· 喜欢模仿大人做一些家务事。如果妈妈让他帮助拿一些东西，他会很高兴地尽力拿给妈妈，并想得到大人的夸奖。

· 对别人的帮助很不满意，有时还大哭大闹以示反抗。

· 要试着自己穿衣服，拿起袜子知道往脚上穿，拿起手表往自己手上戴，给他一根香蕉也要拿着自己剥皮。

饮食：饭菜由辅食变主食，每天 2 顿奶

这个月宝宝的饮食结构要逐步向幼儿期过渡，一日三餐以饭菜为主，中间再加两顿点心。奶还是要喝，但不要放在正餐前后，以免影响进食。

🍼 每餐食物量稍有增加

以前吃 4 ~ 5 餐的可以适当减少餐数，但每餐的进食量要略为增加，为大人食量的 1/3 ~ 1/2。

如果以往一直以粥为主食，现在可尝试换成米饭，可在喂粥前先喂 2 ~ 3 匙软米饭，适应后即可完全换成米饭。

每天喂 2 次奶，每次 200 ~ 300 毫升即可。

🍼 食物硬度比大人的饭菜稍软

这个月大多数婴儿都已经长出了上、下门牙，可以咬得动较硬的食物，但磨牙还没有长出来，不能把食物咀嚼得很细，因此饭菜要做得比大人的相对细软一些，如软饭、细面、饺子、烂菜、碎肉等。不需要像以前一样把食物制成泥或糊，蔬菜只要切成细丝或薄片再煮烂即可，以便帮助宝宝逐渐适应幼儿期的食物形态。

进餐仪式：让宝宝上桌吃饭

正在断奶期或已经断掉母乳的这段时间，是建立宝宝良好进餐规律的好机会，父母要给宝宝在饭桌上留一个固定的位置，有规律地进食正餐也对顺利断奶有帮助。

而且经过几个月的辅食添加训练，宝宝可以接受的食物品种已经很多了，对于大人吃的食物会有强烈的好奇心。

虽然宝宝这时候多半会将饭桌搞得比较狼藉，但这是让宝宝体验和形成良好进食规律和习惯的一个重要途径。

食谱：现阶段可尝试的

蔬菜虾饼

食材：

现剥虾仁 5 个，西蓝花 20 克，鲜香菇 1 朵，胡萝卜 20 克，鸡蛋液 15 克，油 适量。

做法：

1. 虾仁搅打成虾泥；西蓝花和香菇余烫后切碎；胡萝卜切细丝。

2. 将除油外的所有食材混合，顺一个方向搅打均匀。

3. 平底锅中加油，开中小火；取两汤匙混合好的糊团成小饼。

4. 将饼放入锅中，一面煎至金黄后翻至另一面，煎至两面金黄就可以了。

营养小贴士：这样做可以让不爱吃蔬菜的小朋友吃进更多营养。

鸡蛋肉卷

食材：

鸡蛋 1 个，猪肉馅 30 克，清水、油适量。

做法：

1. 鸡蛋打散；猪肉馅加少许水搅打上劲。

2. 平底锅中加入油，倒入鸡蛋液，摊成鸡蛋饼。

3. 将猪肉馅平铺到鸡蛋饼上，然后卷成卷，上锅蒸 20 分钟，熟透即可。

营养小贴士：鸡蛋中含有丰富的蛋白质，同时富含DHA和卵磷脂、卵黄素。

周岁：特别的庆祝、纪念

宝宝的出生往往会给一个家庭带来无穷的趣味和欢乐，从出生到"百日"，第一次会坐、第一次会爬……每一次进步都凝聚了父母的心血。马上，宝宝就一周岁了，这是一个特别的日子，不妨为宝宝庆祝、纪念一下。

不要太多人

很多家庭为了使气氛热烈，宝宝的生日宴会上通常会邀请许多亲朋好友参加，少则几十人，多则上百人，甚至到酒店摆酒席，其规模不亚于一场婚宴。但是，这多是从成人的角度出发，没有考虑到宝宝的感受。陌生的环境，陌生的人会让宝宝感觉到恐惧，于宝宝的心理健康不利。

适当的装饰

宝宝对色彩的变化十分敏感，在为宝宝布置生日会场的时候，父母可以用一些色彩鲜艳的装饰品来装饰，这样宝宝可能会更高兴。但是要注意的是，不要用太多的气球、彩带、横幅，太密集的装饰会让宝宝感到不舒服，尤其是气球，一旦气球爆炸会让宝宝受惊，不建议使用。

不要强迫宝宝

在给宝宝过生日时，通常会有朋友或亲属在，而有的宝宝满周岁可能已经能清晰地说出一些词语，逼着宝宝叫"叔叔""阿姨"等，会让宝宝反感；也不要让宝宝"表演"他已经掌握的一些技能。这个时候的宝宝是十分敏感的，不仅不会配合家长"表演"，还会强烈抵抗。

拍照的时候，不要过度摆弄宝宝

拍照的时候，父母为了使宝宝在照片上显得好看，可能不停地给宝宝摆姿势，甚至把宝宝摆弄得哭起来，这是不对的。宝宝不会反感拍照，但是可能因为被摆弄而感到不愉快，这个时候留下一些自然风格的日常照片也是不错的选择。

很晚都不睡：可能是睡眠觉醒节律紊乱

这个月龄的宝宝每天平均要睡13 ~ 15个小时，晚上睡10 ~ 12个小时，白天有1 ~ 2次的短时间睡眠，每次1 ~ 2小时。但由于个体间的差异，每个宝宝都有自己的生物钟，睡眠规律也就不尽相同。

有些宝宝精力特别旺盛，即使白天已经玩了一天，可晚上到了该睡觉的时间还是不困，不论大人怎么哄都不愿意入睡，这可能是因为睡眠觉醒节律紊乱。对待这样的宝宝，强迫或哄睡是不起作用的，甚至还有可能导致宝宝产生更严重的睡眠障碍。父母应该采取一些方法来帮助宝宝尽早入睡，必要时带宝宝去医院看看。

调整睡眠时间

白天不要让宝宝睡太多，如果午觉睡得很久，或者傍晚又睡一觉，那必然导致宝宝到了晚上该睡觉的时间仍然精力旺盛。这种情况下就要对宝宝白天的睡眠时间进行适当的调整。午觉早睡一些、早起一些，傍晚尽量不要再睡。

睡前不要让宝宝太兴奋

睡前宝宝的大脑活动很兴奋就不容易入睡，所以晚上不要过分逗乐宝宝，尤其是爸爸，不要和宝宝玩得太疯。

哼摇篮曲、讲故事

父母可以将宝宝搂在怀里，轻声地给宝宝哼摇篮曲或讲故事，在轻柔的声音中宝宝比较容易入睡。

营造良好的睡眠环境

把卧室的灯关闭或调暗，将一切能够吸引宝宝注意力的东西收起来，如玩具、食物等。让宝宝认识到夜幕降临、万籁俱寂就是该睡觉的时候了。

宝宝的很多行为都是模仿父母的，看到父母不睡觉，自己也就不想睡觉了。因此，父母应该给宝宝树立一个好榜样，每天晚上到了睡觉的时间就关闭电视，停止一切活动，和宝宝一同入睡。

边吃边玩：追着喂饭多因此而起

到了这个月龄，宝宝变得淘气起来，不肯像小时候一样安安静静地待在大人的怀里了。尤其是吃饭的时候，一会儿玩玩这个，一会儿又动动那个，吃一次饭要花上一二十分钟甚至更长的时间，让爸爸妈妈很是头疼。很多家长开始了追着喂饭的"旅程"，尤其是家里有老人家时，几乎逃不了追着喂饭的命运。

🍼 与老人沟通，宝宝不必追着喂饭

1. 不必太担心宝宝吃得不够多，而应该关心宝宝吃的种类是否丰富，营养是否均衡。比如每天建议摄入蔬菜、水果、畜肉类、禽肉类、鱼类、谷物、奶制品。宝宝1岁后每种食物的摄入克数已经越来越不重要，而如何培养宝宝对食物的热情却是当务之急了。

2. 1岁多的宝宝开始有了基础的语言表达能力，很多时候是可以直接沟通的，家长要做的就是相信宝宝。宝宝如果真的吃饱了，就别再劝着吃，追着喂，或是强硬塞了。如果吃饱后被强迫进食，宝宝会认为吃饭是负担。

3. 肚子饿了的时候，就会想吃饭，要相信这是人的本能，当宝宝非生病状态下不吃饭的时候，那就是不够饿，要舍得让他们体会饥饿感。可以在宝宝吃了几口就不好好吃的时候，心平气和地把碗收掉，不要担心宝宝是不是没吃饱，这顿没饱，下顿自然就吃得多了。总是强迫宝宝吃饭，很可能会破坏宝宝的胃口，使宝宝厌食。所以，不必为了让宝宝多吃一口而想方设法追着喂、哄着喂，以及让宝宝看着电视、玩着玩具吃饭，这些都会让宝宝养成不好的就餐习惯。

第
349~351
天

流鼻涕：有些是正常生理现象

感冒时会流鼻涕是我们都熟知的，但父母不要一看到宝宝流鼻涕就认为宝宝感冒了。引发流鼻涕的原因是多种的，处理方法也有所不同。

有些时候流鼻涕是正常生理现象

正常人每天会分泌数百毫升的鼻涕，只不过这些鼻涕都顺着鼻黏膜纤毛运动的方向流向鼻后孔了，一部分通过咽喉被吞下，一部分被咳出变成痰，还有一部分蒸发干结，这样一般也就没有鼻涕从鼻腔流出了。

婴幼儿的鼻腔黏膜血管比成人的要丰富，分泌物也较多，加上神经系统对鼻黏膜分泌及纤毛运动的调节功能尚未健全，而且宝宝又不会自己擤鼻涕，所以经常会流清鼻涕。这是一种正常的生理现象，不必担心。

异常的流鼻涕情况

1. 流脓样黄绿色鼻涕：伤风感冒时起初是清水样鼻涕，后期会流黄绿色的鼻涕，这种情况下常提示有细菌感染，感冒好时也就不再流鼻涕了。但如果宝宝的鼻孔下长期挂着两行鼻涕，或流出黄绿色的脓鼻涕，那就是病态的表现了，可能患有副鼻窦炎。

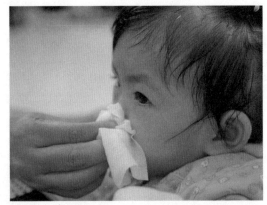

2. 流白鼻涕：如果宝宝经常流白鼻涕，可能是由于缺乏维生素 A 和维生素 B 导致的，及时补充这两种维生素可以使流鼻涕的情况得到改善。

3. 鼻塞、鼻涕中有血丝：如果宝宝流鼻涕的同时出现鼻塞，甚至呼吸不畅、烦躁不安，流出的鼻涕中带有血丝，则可能是有异物（如玩具小零件）附在鼻腔中。这时要立刻带宝宝去医院检查，千万不要当作感冒、支气管炎、肺炎等疾病来治疗，以免贻误最佳治疗时间。

断奶：循序渐进、自然而然

这里所说的"断奶"，意思是不再给宝宝喂母乳，因为宝宝生长发育迅速，营养需求量明显增大，而10个月之后的母乳量变少，所含的各种营养成分也下降了，无论从量还是质上来说，都已经无法满足宝宝生长发育的需要。

循序渐进，自然断奶

父母从开始给宝宝添加辅食，已经是在为断奶做准备了。经过几个月的训练，宝宝的咀嚼能力大大提高，各种食物的味道也已经适应，具备了完全断掉母乳的条件。

断奶方法要科学

对宝宝来说，母乳不仅仅是食物，更是一种精神依赖。因此，妈妈不要生硬、仓促地给宝宝断奶，如让宝宝突然和妈妈分开；而往乳头上抹辣椒水、红药水的方法更不可取，不仅效果不好，还有可能对宝宝幼小的心灵造成伤害。

1. 延长哺乳间隔时间：如果以前宝宝是2个小时吃一次奶，现在妈妈可以隔3 ~ 4个小时喂一次，同时加大辅食量。

2. 把辅食做得好看、好吃：丰富辅食的种类，从形态、味道上将辅食做得多样化，这也能在一定程度上降低宝宝对母乳的兴趣。

3. 转移注意力：到了宝宝平时吃奶时间，父母可以找一些有趣的小游戏跟宝宝玩，或者由爸爸或其他亲人带宝宝出去玩，让宝宝的注意力被其他事物吸引，暂时忘掉母乳。

⊙ 贴心提示

如果在此之前父母从未给宝宝添加过辅食，那么宝宝对奶以外的食物是没有足够消化能力的，突然断奶会引起宝宝消化系统功能紊乱、营养不良，影响宝宝生长发育。这种情况下要及时添加辅食，等宝宝适应一段时间之后再断奶。

第 **355** 天

阅读：固定时间、场所，渐渐形成习惯

这个月的宝宝对语言有了一定的理解能力，能听懂一些话，父母可以讲故事给宝宝听了。通过讲故事，一是刺激宝宝语言能力的发展，二是培养宝宝的阅读兴趣，丰富宝宝的想象力。

固定讲故事的时间和场所

做任何事情，一旦养成了习惯，长期执行就变得容易了，给宝宝讲故事也是如此。

首先父母要有长期坚持给宝宝讲故事的意识，不能像应付差事一样，今天想起来了讲一会儿，明天没时间了就不讲了，这样宝宝也不会对听故事产生兴趣。不管多忙，父母都要每天抽出固定的时间来给宝宝讲故事，如晚上睡觉前，这个时候四周比较安静，比较有利于宝宝集中注意力。

故事要短，情节简单

这一时期宝宝的注意力还无法长时间地集中在某件事上，所以所选的故事要短，这样宝宝就比较容易坚持。如果故事很长，宝宝听一会儿就失去了耐心，就会使讲故事的效果大打折扣。

这么大的宝宝还不适合听情节太复杂的故事，因为宝宝听不懂。因此，父母在选择故事书时要选那种字少图大的，颜色要鲜艳，这样才能引起宝宝的兴趣。

让宝宝参与进来

每次讲故事时，父母不要决定讲哪个，也不要按着书本的顺序来讲，而是让宝宝自己选择，宝宝喜欢哪个就讲哪个。还可以在讲述的过程中设计各种问题向宝宝提问，比如问宝宝："小白兔躲在哪里了呢？""哪个是小金鱼啊？指给妈妈看吧！"用这样的方式来引发宝宝积极地思考，并丰富宝宝的想象力和创造力。

环境影响

家庭环境对宝宝有着很大的影响，如果家里各处都摆放一些图书，父母自己也有良好的阅读习惯，每天都有固定的读书时间，那么会对宝宝有潜移默化的影响，宝宝也会逐渐养成爱读书的好习惯。

游戏：拍拍手

游戏目的：培养宝宝的模仿能力和动手能力，训练宝宝较长时间地集中注意力。

游戏做法：妈妈和宝宝面对面坐着，妈妈说："宝宝仔细看，宝宝仔细听，拍拍手，做个好朋友。"妈妈有规律、有节奏地拍手，节奏为"啪，啪啪，啪啪啪"。

反复进行几次，让宝宝听仔细、看明白，然后鼓励宝宝和自己一起拍手。游戏进行一段时间，宝宝变得熟练后，妈妈可以将拍手的节奏设计得更复杂一些。

游戏：倒出来，放进去

游戏目的：锻炼宝宝双手的灵活性及手眼协调能力，培养宝宝的注意力，以及观察模仿的能力。

游戏准备：积木、广口瓶、布娃娃、篮子、盒子、小汽车、衣服夹子、袋子等玩具或生活用品。

游戏做法：父母当着宝宝的面，把积木从积木盒里倒出来，然后再一块一块摆进去，让宝宝模仿做一遍。这个过程中还可以教宝宝认识颜色、形状、大小。

还可以把衣服夹子放进瓶子里，把布娃娃放进篮子里，把玩具汽车装进盒子里，把布娃娃的衣服放进袋子里，让宝宝学着父母的样子——进行。

教宝宝说话应避免的误区

这个月的宝宝虽然已经能说一些简单的字或词，父母要经常跟宝宝说话，起到示范的作用，让宝宝慢慢理解并模仿。

🍼 不要跟着说"宝宝语"

有些父母在跟宝宝说话时不自觉地就会使用一些"宝宝语"，如"饭饭""水水"，觉得这样说宝宝容易理解，其实这种想法是错误的。对于宝宝来说，一个字（词）就代表一个意思，所以"饭饭"并不会比"饭"好懂。相反，如果经常这样跟宝宝说话，宝宝就会以为这种表达方式是正确的。这样只会延长宝宝学习语言的过渡期，使宝宝迟迟不能发展到说完整话的阶段。

🍼 不要重复宝宝的错误发音

牙牙学语的宝宝经常存在发音不准的现象，比如把"吃"发成"七"，把"姑姑"发成"嘟嘟"，这是大多数宝宝在学说话初期都会出现的情况。父母不要跟着宝宝重复他的错误发音，否则宝宝会认为错误的发音是正确的，这对他学会正确的发音显然是不利的。父母要坚持用标准的发音跟宝宝说话，宝宝听得久了看得多了，发音自然而然就会纠正过来。

🍼 宝宝迟迟不会说话可能是疾病信号

如果宝宝到了2岁还不会说话，或没有任何交流性的语言，父母就要引起重视了。

听力障碍：听力受损时，宝宝接收不到任何语言刺激，必然导致语言障碍。父母如果发现宝宝听到巨大声响时没有反应或不会害怕、哭闹，在看不见的地方叫他的名字或让他做一些简单动作，如点头、摇头、跺脚、招手等时他没有反应，就要引起注意了。

自闭症：不开口说话，和外界几乎没有交流是患自闭症孩子的典型特点。这样的孩子在行为方面往往存在异常，如喜欢一个人独自玩耍，极少与他人目光对视，不怕陌生人，对父母缺乏依恋，等等。自闭症孩子的听力一般是正常的，但就是不开口说话，别人和他说话往往是"听而不闻"。有一些自闭症孩子虽然可以讲话，但往往是自言自语、重复语言，或说一些根本没有人能听懂的话，极少具有交流性质的主动语言。

可以吃全蛋了

1岁的宝宝，消化吸收能力显著加强。宝宝1岁以后的饮食要从以奶类为主逐步过渡到以谷类食物为主食，应增加蛋、肉、鱼、豆制品、蔬菜等食物的种类和数量。饭菜里可以加一点点盐了，可以吃全蛋了，是1岁宝宝饮食的特点。

这一阶段如果不重视合理营养，往往会导致宝宝体重不达标，甚至发生营养不良。虽然这一阶段宝宝已经学会自己吃饭，辅食也逐渐成为主食，但仍不宜吃成人的饭菜。因为成人饭菜的口味、大小还是和宝宝的不同，所以妈妈要单独制作宝宝餐。

妈妈要注重培养宝宝规律的饮食习惯，给宝宝用餐要按时、按点。这个时期宝宝需要充分的营养，少了正餐或点心都会导致血糖降低，进而导致宝宝情绪不稳定。在宝宝学步期间，由于活动量增大、体力消耗多，所以就饿得快，妈妈要及时给宝宝补充能量。

图书在版编目（CIP）数据

育儿一天一页 / 艾贝母婴研究中心编著 . — 成都：
四川科学技术出版社 , 2021.7

ISBN 978-7-5727-0164-1

Ⅰ . ①育… Ⅱ . ①艾… Ⅲ . ①婴幼儿—哺育—基本知
识 Ⅳ . ① TS976.31

中国版本图书馆 CIP 数据核字 (2021) 第 129840 号

....

育儿一天一页
YU'ER YI TIAN YI YE

出 品 人　程佳月
编 著 者　艾贝母婴研究中心
责 任 编 辑　李 栎
封 面 设 计　仙 境
责 任 出 版　欧晓春
出 版 发 行　四川科学技术出版社
　　　　　　地址　成都市槐树街 2 号　　邮政编码 610031
　　　　　　官方微博　http://weibo.com/sckjcbs
　　　　　　官方微信公众号 sckjcbs
　　　　　　传真　028-87734035
成 品 尺 寸　170mm×240mm
印 　 张　17.5
字 　 数　350 千
印 　 刷　天津市光明印务有限公司
版次 / 印次　2021 年 7 月第 1 版　2021 年 7 月第 1 次印刷
定 　 价　49.80 元

ISBN 978-7-5727-0164-1
版权所有　翻印必究
本社发行部邮购组地址　成都市槐树街 2 号
电话　028-87734035　　邮政编码　610031